Gartenkunst in Berlin

Klaus-Henning von Krosigk

Gartenkunst in Berlin

SCHMUCKPLÄTZE, GÄRTEN & PARKANLAGEN IN DER HAUPTSTADT

L&H VERLAG

Bernauer Straße 8a, 10115 Berlin
Telefon +49. 30. 34709515
Fax +49. 30. 34709516
www.lh-verlag.com

Herausgegeben mit Unterstützung des Landesdenkmalamtes Berlin

Autor Klaus-Henning von Krosigk
Redaktion Thies Schröder, L&H Verlag
Projektbetreuung und Herstellung Mareike Hutsky, L&H Verlag
Satz typegerecht berlin
Druck und Bindung Westermann Druck Zwickau GmbH

Bibliografische Information der Deutschen Bibliothek
Die Deutsche Bibliothek verzeichnet diese Publikation in der Deutschen Nationalbibliografie.
Detaillierte bibliografische Daten sind im Internet über http://dnb.ddb.de abrufbar.

ISBN 978-3-939629-43-6

Erste Auflage 2016

Inhaltsverzeichnis

Vorwort

Den Aktivitäten des L&H Verlages, namentlich dem ehemaligen Verleger Wolfgang Henkel ist es zu verdanken, das im Jahr 2000 erstmalig das vom Landesdenkmalamt Berlin herausgegebene Taschenbuch »Berlin Grün. Historische Gärten und Parks der Stadt« erscheinen konnte. Der von Anke Kuhbier kuratierte und vom Berliner Landeskonservator Jörg Haspel dankenswerterweise vorbildlich geförderte grüne Führer durch die Welt der Gartendenkmale Berlins war ein erster durchaus erfolgreicher Versuch, nach 20jährigem Bestehen der Berliner Gartendenkmale zahlreiche der besonders wertvollen, namentlich auch schon gartendenkmalpflegerisch sanierten und restaurierten Berliner Gärten und Parks vorzustellen.

Es handelte sich bei dieser ersten Publikation, in der 43 historische Gärten und Parks, ausschließlich denkmalgeschützte Parkanlagen, in relativ kursorischer Form vorgestellt wurden, um einen ersten Versuch, das reiche gartenkulturelle Erbe Berlins einer breiten Öffentlichkeit in lesbarer Form nahe zu bringen. Verständlicherweise sind das Interesse, aber auch Kenntnisse an Gärten und Grün inzwischen deutlich gewachsen, und auch der Nichtfachmann begegnet dem gartenkulturellen Erbe seiner Stadt inzwischen mit hoher Aufmerksamkeit. Der L&H Verlag und sein an allen Garten- und Freiraumthemen besonders interessierter Verleger Thies Schröder, waren sich mit mir gemeinsam daher von Anfang an klar darüber, ein inhaltlich deutlich ausgeweitetes Buch mit dem Anspruch eines fundierten grünen Nachschlagewerkes zu Berlins Gärten und Parks zu verlegen.

Ergänzend zu den in diesem Buch vorgestellten fast 100 Berliner Grünanlagen werden im Anhang zusätzlich einige der für die Berliner Gärten und Parks im Laufe der Jahrhunderte besonders wichtige Gartenkünstler, Architekten und Gartenarchitekten sowie Gartendirektoren der Stadt beschrieben. Die Liste der Vorgestellten wäre unschwer zu verdoppeln, sind doch selbst so prominente Gartenarchitekten wie Herta Hammerbacher oder Hermann Mattern nicht berücksichtigt worden. Dies ist jedoch allein dem Umstand geschuldet, dass aus Platzgründen vorrangig die Gartenarchitekten aufgenommen wurden, die mit ihren Parkanlagen für jedermann sichtbar noch immer das grüne Gesicht Berlins prägen.

Dankbar bin ich vor allem den Verlegern Wolfgang Henkel und Thies Schröder für die Anregung zu diesem Buch, aber auch Landeskonservator Jörg Haspel für die neuerliche Herausgeberschaft und wohlwollende Unterstützung und natürlich Wolfgang Bittner, dem Fotografen des Landesdenkmalamtes, sowie Katrin Lesser für die vorzügliche Bebilderung des vorliegenden Buches. Herzlich danken möchte ich aber auch allen nicht genannten Mitarbeitern und Mitarbeiterinnen des L&H Verlags, die mit großer Geduld und Liebe zur Sache mit zum Gelingen dieses Buches beigetragen haben. Möge dieses Buch aber auch zu einer besseren Wertschätzung unseres gartenkulturellen Erbes beitragen, ganz im Sinne von Marcus Porcius Cato, römischer Staatsmann und Schriftsteller, dem wir das nun schon 2000 Jahre alte antike Gesetz und Gebot zu verdanken haben: Du sollst Land und Wälder lieben!

Dr. Ing. Klaus-Henning von Krosigk
Berlin, im April 2016

Einführung

Die 1930 publizierte streitbare Schrift Werner Hegemanns »Das steinerne Berlin« hat lange Zeit die weitverbreitete Ansicht genährt, dass die Millionenstadt Berlin vor allem und in erster Linie eine Mietskasernenstadt ohne Gärten und Grün ist.

Jean Giraudoux, französischer Diplomat und Schriftsteller, der sich in jenen Zwischenkriegsjahren häufig in Berlin aufhielt, konstatierte hingegen zur gleichen Zeit: »Berlin ist keine Gartenstadt, Berlin ist ein Garten!« Auch wenn wir wissen, dass Giraudoux damit vor allem seiner Begeisterung über die seit der Mitte des 19. Jahrhunderts die Innenstadt umgebenden grünen Vorstadtzonen und Villenvororte Ausdruck gab, ist doch für viele Einwohner, aber auch Besucher Berlins der Eindruck von einer großen grünen Stadt seit Jahrhunderten ungebrochen. Der Ruf und die Identität der Lebensqualität der deutschen Hauptstadt gründet sich mithin bis heute – wie wohl bei keiner anderen deutschen Großstadt – ganz entschieden auf ihren Gärten und Parks, und nicht zuletzt der enorme Alleenbestand, der das Straßenbild Berlins seit dem 19. Jahrhundert prägt, unterstreicht das Gesagte.

Ohne Zweifel hat zu dieser ungewöhnlichen grünen Tradition Berlins nicht nur ein stetes Interesse der Hohenzollern beigetragen, ein Interesse, das seit dem Ende des 30-jährigen Krieges mit Kurfürst Friedrich Wilhelm, dem Großen Kurfürsten, begann und bis Kaiser Wilhelm II. anhalten sollte, der noch im Ersten Weltkrieg genaue Pflanzanweisungen für den Berliner Tiergarten erließ. Auch standen in der Haupt-und Residenzstadt Berlin in jedem Jahrhundert vorzügliche Gartenkünstler und Architekten zur Verfügung, die ihre Ideen und Wunschvorstellungen umsetzten. Die hohe Wertschätzung, der sich gerade auch die Gärtner durch ihre jeweiligen Monarchen erfreuen konnten, macht sich nicht zuletzt an ihrer ganz einzigartigen Position innerhalb der Hierarchie des Hofes deutlich: bot ihnen doch ihre jahrhundertelang bevorzugte immediate Stellung stets einen unmittelbaren Zugang zum König.

Die Anlage von öffentlichem Grün in Berlin nimmt 1647 seinen Anfang, als Kurfürst Friedrich Wilhelm, noch von Kleve aus und unterstützt durch seinen dortigen kunstsinnigen Statthalter Johann Moritz von Nassau-Siegen, den Befehl erlässt, in Berlin Die Linden anzulegen. Die gärtnerischen Arbeiten werden dann vom kurfürstlichen Lustgärtner Michael Hanff ausgeführt, der auch den Lustgarten am Residenzschloss anlegen sollte. Schon in der Zeit Friedrichs II. hatte sich die Lindenallee zur repräsentativsten Straße Berlins entwickelt und sollte schließlich zur ersten Flaniermeile der Stadt werden. Ab 1695 wendete sich dann mit dem Bau des Schlosses Charlottenburg das Interesse König Friedrich I. jedoch zunehmend auch dem vor den Toren der Stadt gelegenen Tiergarten zu, führte doch die durch den Tiergarten angelegte neue Verbindungsallee zwischen beiden Residenzschlössern durch den alten kurfürstlichen Jagdwald, dessen Entwicklung und Erschließung im Sinne der Repräsentation und Prachtentfaltung einer nun königlichen Residenzstadt immer wichtiger wurde.

Nach der Niederlegung der Berliner Festungswälle unter dem Soldatenkönig Friedrich Wilhelm I. konnten im Zuge der westlichen Stadterweiterung nach Pariser Vorbild 1732–1734 drei repräsentative geometrisch-orthogonal angelegte neue Stadtplätze, das Quarré, das Oktogon und das Rondell, die heutigen Pariser-, Leipziger- und der Mehringplatz unter dem königlichen Oberbaudirektor Philipp Gerlach angelegt werden, die von großer städtebaulicher und grünplanerischer Bedeutung werden sollten. Jedoch erst unter Friedrich II. und der ab 1740 beginnenden Erschließung des Tiergartens als öffentlichem »Lustwald« unter Leitung seines »Surintendanten aller Königl. Schlösser, Häuser und Gärten«, G. W. von Knobelsdorff, gelang es erstmalig, eine große zusammenhängende Grünanlage für alle Berliner zu schaffen und damit die Tradition des Berliner Tiergartens als öffentliche Parkanlage zu begründen. Deutlich wird schon an Knobelsdorff, dass es keineswegs nur Gärtner oder Gartenkünstler waren, die das grüne Gesicht Berlins bestimmt haben. Festungsbaumeistern wie Memhardt oder Architekten wie Gerlach oder Knobelsdorff war es ebenso vergönnt, das Gesicht Berlins und seiner Gärten und Parks zu formen.

Ohne Zweifel sollte schließlich mit Peter Joseph Lenné erstmalig ein gelernter und besonders befähigter Gärtner die »grüne Bühne« betreten. Die erste Hälfte des 19. Jahrhunderts ist in den Jahrzehnten nach den Befreiungskriegen eben nicht nur der Beginn der industriellen Revolution mit unsäglicher Wohnungsnot und Massenelend, sondern eine Art von »Gartenrevolution« sollte fast alle Bereiche der öffentlichen und privaten Gartenkultur Berlins erreichen. Beginnend mit dem von 1830–1840 vollständig von Lenné umgestalteten Tiergarten, rasch gefolgt vom Ende der 1840er Jahre erstmalig verwirklichten Volkspark Friedrichshain, mündet nun eine zunehmend sozial und kommunal bestimmte Gartenkultur in dem 1870 eingerichteten ersten Berliner Grünflächenamt. Lenné, den Gerhard Hinz als »letzten großen Städteplaner des 19. Jahrhunderts in Deutschland« bezeichnete, kam für seine weitgesteckten Aufgaben zugute, dass er die drei wichtigsten Residenzstädte Europas, Wien, Paris und London, aus eigener Anschauung kannte und mit seinem weltbürgerlich geschulten Blick als Planer in einer Zeitenwende nicht nur als » königlicher Gärtner«, sondern eben auch als fortschrittlicher Stadt- und Grünplaner tätig war.

Lenné fiel – oftmals unterschätzt – die entscheidende Rolle zu, für die sich etablierende bürgerlich-selbstbestimmte Stadt die entscheidenden Weichen zu stellen und somit zum Verfechter einer »sozial- und bedarfsorientierten« Berliner Grünplanung zu werden, einer Grünplanung, die sich jedoch stets entschieden ästhetischen Kategorien verpflichtet fühlte, so wie er es selber in seinem berühmt gewordenen Erläuterungsbericht zu der 1840 vorgelegten Planung der Schmuck- und Grenzzüge formulierte: »Überall war es bei vorliegendem Projekt mein Bemühen, die Verteilung des gegebenen Raumes so zu leiten, dass neben dem Nutzen, welcher der Gemeinde aus den neuen Anlagen geschaffen werden soll, auch dem Vergnügen der Einwohner sein Recht widerfahre. Denn je weiter ein Volk in seiner Kultur und in seinem Wohlstande fortschreitet, desto mannigfaltiger werden auch seine sinnlichen und geistigen Bedürfnisse.«

James Hobrecht, der dann in seinem Hobrecht-Plan von 1862 mit zahlreichen Stadtplätzen und groß dimensionierten Straßen, wie dem sog. Generalszug in Kreuzberg, durchaus im Sinne Lennés arbeitete, jedoch in seinen großen Baublöcken keine zusätzlichen Grünanlagen vorsah, trug dann mit dazu bei, das sich die schon lange abzeichnende innerstädtische Freiflächenmisere zunehmend verschärfte und leicht erreichbarer Freiraum für die breiten Massen kaum noch existierte.

Der erste Gartenbaudirektor Berlins, Gustav Meyer, war sich sehr wohl über diese Probleme bewusst und widmet daher in seinem 1860 erstmalig erschienenen »Lehrbuch der schönen Gartenkunst« ein eigenes Kapitel »Ueber die Anordnung öffentlicher Plätze und Promenaden in Städten und ueber öffentliche Gärten« und schreibt: »Jeder Raum daher, welcher den Straßen und Plätzen einer Stadt zu öffentlichen Anlagen abgewonnen werden kann, ohne den Verkehr zu beengen, ist als eine Wohltat für das Gemeinwohl zu betrachten«. In seinem Lehrbuch setzte er sich auch schon mit dem damals bedeutendsten öffentlichen Park der »Neuen Welt«, dem Central Park in New York, auseinander, sehr genau um die Ansprüche, aber auch Lösungsmöglichkeiten großstädtischer Freiraumprobleme wissend.

Als Meisterschüler Lennés nutzte Gustav Meyer dann auch seine Position als Berliner Gartenbaudirektor, um Lennésches Gedankengut in großem Maßstab umzusetzen. Nicht nur, dass er nach Vollendung des Friedrichshains weitere Volksparks wie den Treptower Park und den Humboldthain schuf, sondern auch zahlreiche begrünte Stadtplätze, die sich zum einzigartigen »grünen Schatz« Berlins entwickeln sollten. So konnte er allein die Schmuckplätze Berlins von sieben auf 28 erhöhen. Es gelang ihm in nur sieben Jahren 180 Hektar neue Parkanlagen, aber auch zahlreiche neue Promenadenanlagen anzulegen. Zu den bleibenden Verdiensten Meyers gehört es auch, dass er sich als Gartenamtsleiter erstmalig intensiv mit dem Problem der Anlage und Pflege von Straßenbäumen beschäftigte und dazu an der Gerichtsstraße vor dem Schlesischen Tor eine neue städtische Baumschule einrichtete. Damit trug er Sorge dafür, dass schon bald gut entwickelte Alleebäume für die Promenaden, aber auch für die vielen neuen Straßen Berlins, diverse Schmuckplätze und Parkanlagen in ausreichender Zahl, vor allem aber Qualität zur Verfügung standen.

Sein Nachfolger im Amt des Berliner Stadtgartendirektors, Hermann Mächtig, konnte auf der grundlegenden Arbeit Meyers aufbauend ebenfalls zahlreiche Schmuckplätze für Berlin wie den Gendarmenmarkt oder den Pariser Platz begrünen, wurde aber vor allem mit dem von ihm geschaffenen vierten und letzten Volkspark im 19. Jahrhundert, dem Kreuzberger Viktoria Park, bekannt. In der Zeit der Reichsgründung, die auch von den allenthalben wuchernden Berliner Mietskasernen geprägt war, begann im Übrigen eine ganz neue Bewegung, nämlich eine Art Flucht in die Vororte, in die damals zahlreich gegründeten Villenkolonien. In Berlin ist diese Bewegung mit den Namen Quistorp und Carstenn verbunden, die reformerische Gartenstadt-Ideen umzusetzen versuchten. Das, was mit der vielleicht schönsten Villegiatura Berlins, der Colonie Alsen in Wannsee, noch unter Gustav Meyer und dem Bankier Conrad und in Westend ebenfalls 1866 begann, sollte seine Fortsetzung in Lichterfelde und Friedenau, in Halensee und Wilmersdorf, oder in den Villenkolonien Grunewald und Dahlem, Schlachtensee und Nikolassee finden.

Unter dem Nachfolger Mächtigs, Albert Brodersen, begann auch für Berlin eine Zeit entscheidender gartenreformerischer Ideen und damit die Abkehr von der landschaftlich geprägten Lenné-Meyerschen Schule zugunsten architektonisch aufgebauter Parkanlagen, wie dem 1908 umgesetzten Schillerpark. Damit entstehen nun Parkanlagen, die die Abkehr vom klassischen Spazierpark zugunsten weiträumiger Flächen für Spiel- und Sport, auch Volkswiesen genannt, vollziehen. Schon vor Beginn des Ersten Weltkriegs ist dann Erwin Barth, von 1912 bis 1926 Stadtgartendirektor von Charlottenburg und von 1926 bis 1929 von Groß-Berlin, der entschiedene Verfechter der Volkspark-Ideen. Barth selbst schuf so großartige Parkanlagen wie die Volksparks Jungfernheide und Rehberge, den Volkspark Mariendorf, aber auch einzigartige Schmuckplätze wie den Karolinger-, den Mierendorff-, den Brix-, oder den Savignyplatz, Plätze, die dem von James Hobrecht vorgegebenen städtebaulichen Raumgedanken folgen, aber im Gegensatz zum kaiserzeitlich-repräsentativen Schmuckplatz stets eine hohe Aufenthaltsqualität für Alt und Jung – und damit immer einen großen Kinderspielplatz – aufweisen. Nicht zuletzt eine der überzeugendsten Grünschöpfungen Barths, die Begrünung des schon von Lenné in der Mitte des 19. Jahrhunderts erbauten Luisenstädtischen Kanals und die Anlage wunderbarer Themengärten in dem 1926 zugeschütteten Kanal, sah mehrere als Kinderspielplätze vorgesehene Kanalabschnitte vor.

1920 wird Groß-Berlin gegründet und Martin Wagner war es, der 1915 seine Promotionsschrift »Das sanitäre Grün der Städte« vorlegte und darin grünpolitische Leitsätze formulierte, die noch heute Beachtung finden. Neben Erwin Barth war Wagner in den 1920er Jahren als Stadtbaurat und damit als Chef der Stadtplanung Berlins bemüht, die Gegensätze von Stadt und Land und die sozialen Spannungen zwischen den neu gebildeten Stadtbezirken abzubauen. Festzuhalten ist, dass der engagierte Einsatz von Wagner, aber auch von Erwin Barth, in den zwanziger Jahren zu einer enormen Steigerung des Grünraumes von Berlin auf 2500 Hektar und damit um das Zehnfache des Vorkriegsbestandes führte.

Die Grünpläne der Nationalsozialisten für Berlin sollten sich ab 1933 so wenig wie Speers Monumental-Entwürfe für die Halle des Volkes im Spreebogen verwirklichen. Leider kam es jedoch im Vorgriff des geplanten Ausbaues der Superreichshauptstadt u. a. zu erheblichen Eingriffen im Tiergarten, nicht zuletzt wurde der Große Stern von 100 auf 200 Meter Durchmesser vergrößert, wobei die letzten großen Eichen, die einst um 1700 unter dem ersten preußischen König zur Umrandung des Platzes gepflanzt worden waren, gefällt wurden. Auch ist in dieser Zeit die Charlottenburger Chaussee zu einer den Tiergarten zerteilenden »Autobahn« und Aufmarschstraße degradiert worden, und zwar unter Abholzung der die alte Chaussee begleitenden mehrreihigen Allee und der Verbreiterung der Straße von 27 auf fast 60 Meter. Im Krieg wurde diese neu geschaffene »Autobahn« dann auch in den Kämpfen um Berlin als Landebahn für Flugzeuge missbraucht, die Munition oder Kuriere herein- oder herausbrachten.

Nach dem Ende des Zweiten Weltkriegs diente der Tiergarten vor allem dem Holzeinschlag durch die frierende Bevölkerung. Der Park verlor seinen Bestand bis auf wenige hundert Bäume fast vollständig, und auf dem vormaligen Parkgelände wurden Kleingärten angelegt oder vom Senat feldmäßig Grünfutter angebaut. Erst mit der Pflanzung einer ersten Linde an der Hofjägerallee am 17. März 1949 durch den Regierenden Bürgermeister Ernst Reuter sowie unter dem Einsatz des Leiters des neu geschaffenen West-Berliner Hauptamtes für Grünflächen und Gartenbau, Fritz Witte, war es gelungen, die Wiederherstellung des Tiergartens in das Notstandsprogramm aufzunehmen und damit die Grundlage für eine Neugestaltung des Tiergartens unter Wilhelm Alverdes zu schaffen.

Es folgte schließlich eine großangelegte Neubaupolitik, und es konnten außerdem bis 1970 über 2000 Hektar neuer Grünanlagen gewonnen werden. Man versuchte sich allenthalben von der von James Hobrecht geprägten klassischen Berliner Blockrandbebauung zu verabschieden, stattdessen wurden große Neubauprojekte im sozialen Wohnungsbau, vorrangig auf der »grünen Wiese« am Rande der Großstadt, wie im Märkischen Viertel, der Gropiusstadt oder dem Falkenhagener Feld errichtet sowie eine Regeneration der überalterten und teilweise ruinösen Innenstadtgebiete vorangetrieben. Das Motto war nun jahrzehntelang »Auflockerung und Begrünung«. Architektonisch-städtebauliche Vorstellungen, die bis dahin das weitgehend gründerzeitlich geprägte Stadtbild Berlins dominierte, hatten ausgedient – in beiden Teilen der Stadt.

Begleitet wurde diese Baupolitik vor allem im Westteil Berlins von einer ebenso rigorosen Verkehrspolitik, was einen nie dagewesenen Verlust an historischen Freiflächen zur Folge hatte. Der das Gesicht Berlins prägende grüne Stadtplatz verkam oft zum Bolzplatz, Straßen querten nun massiv die alten Schmuckplätze, oder sie wurden – unter Verlust ihres kaiserzeitlichen Glanzes – als kuschelige »grüne Wohnzimmer« neu angelegt. Dieses Schicksal erlitten so bekannte Plätze wie der Friedrich-Wilhelm-, der Bundes-, der Hohenzollern-, der Lützow- oder der Olivaer Platz. Das, was durch Peter Joseph Lenné in der ersten Hälfte des 19. Jahrhunderts gerade in Berlin paradigmatisch entwickelt wurde, nämlich der begrünte Stadtplatz, an dem sich Einheimische wie Fremde begegnen, alle Altersgruppen und soziale Schichten, wo man »Weltläufigkeit und Toleranz erwirbt und der städtische Außenraum der soziale Lern-, Begegnungs- und Erfahrungsraum ist«, wurde achtlos auf dem Altar einer scheinbar modernen Stadtentwicklungspolitik geopfert.

Erste Ansätze zu einem bewussten und damit pfleglichen Umgang des grünen Erbes bot nach dem Zweiten Weltkrieg die 1961 erlassene Verordnung zum Schutz des Baumbestandes, eine Verordnung, die per Senatserlass im Jahr 1966 erstmalig detaillierte Regelungen fixierte und damit »den Schutz der schönen alten und in Berlin so sehr charakteristischen Bäume in den Straßen wie auf den öffentlichen Plätzen« juristisch verankerte. 1962 folgte schließlich das »Gesetz zum Schutze der öffentlichen Grün- und Erholungsanlagen«.

Bereits Ende der 1960er Jahre, verstärkt seit den 1980er Jahren, wuchs jedoch die Erkenntnis, dass man sich der vernachlässigten Innenstadt zuwenden müsse, nicht mehr im Sinn von totalem Abriss und Neuaufbau, sondern im Sinn von »Stadtreparatur« der so lange verdammten Stadt des 19. Jahrhunderts. Der geschichtlichen Entwicklung der Stadt und ihrem Wert für das heutige Leben wurde nunmehr ein entschieden höherer Wert beigemessen, wobei Fragen der Kontinuität und Authentizität ebenfalls außerordentlich an Bedeutung gewonnen hatten. In dem 1964 erschienen und Aufsehen erregenden Buch von Wolf Jobst Siedler »Die gemordete Stadt« wurde erstmalig eindringlich auf »den Verlust, den die städtische Kultur Europas mit dem Untergang der Städte durch die moderne Siedlungsplanung erlitt«, hingewiesen. Das Europäische Denkmalschutzjahr 1975 machte dann die so lange völlig vernachlässigte Bedeutung von Denkmalschutz und Denkmalpflege deutlich und provozierte in Berlin – dem einzigen Bundesland, das damals noch über kein Denkmalschutzgesetz und damit auch über kein Landesdenkmalamt verfügte – die Frage nach der längst überfälligen Einrichtung einer Denkmalfachbehörde.

Die erstaunlich hohe Anzahl, aber auch die nach wie vor signifikante stadtbildprägende Kraft des historischen Gartenerbes Berlins unterstrich im übrigen die fachliche Notwendigkeit, sich mit diesem Teil unseres kulturellen Erbes sehr viel intensiver als bisher zu beschäftigen, also Methoden der Erforschung, der Inventarisation, des Schutzes, der Pflege und des Umganges aufzuzeigen, aber auch Akzeptanzkonzepte zu entwickeln. In Berlin trat dann schließlich 1977 ein Denkmalschutzgesetz in Kraft, das hinsichtlich der Gartendenkmale des Landes Berlin schon erfreulich klar definierte Aufträge zur Erfassung, Unterschutzstellung und konservatorischen Betreuung enthielt. Daraufhin wurde im Sommer 1978 die Berliner Gartendenkmalpflege eingerichtet.

Eine der ersten Aufgaben war die Inventarisation des Berliner Gartendenkmalbestandes. Zu den ersten Erfassungen, die Berliner Parke und Gärten mit berücksichtigen konnte, gehörte schon das 1939 erschienene »Verzeichnis der alten Gärten und ländlichen Parke in der Mark Brandenburg« von Paul Ortwin Rave, das auch Berliner Gärten mit erfasste. Ohne Zweifel lieferte aber vor allem das sehr verdienstvolle, 1979 erschienene Buch »Berlins Gärten und Parke« von Folkwin Wendland entscheidende Grundlagen der Erfassung und Dokumentation der Berliner Gärten und Parks von der Gründung der Stadt bis zum ausgehenden 19. Jahrhundert.

Inzwischen konnte ein reicher Gattungsbestand an Gartendenkmalen – auch die, die Wendland in seinem Opus magnum der Berliner Gärten noch nicht erfasst hatte, nämlich die Gärten und Parks des 20. Jahrhunderts – erfasst und über 600 Gartendenkmale unter Denkmalschutz gestellt werden. Zu diesen Gattungen gehören die traditionellen Schlossparke und Gutsgärten, aber auch 83 denkmalgeschützte historische Kirch- und Friedhöfe, das heißt die ältesten und bedeutendsten Friedhöfe Berlins. Lückenlos erfasst wurden auch die in den berühmten Villenvororten Berlins liegenden Villen- und Landhausgärten, die – wie Villa und Garten der Villa Liebermann am Großen Wannsee – einen ganz besonderen gartenkulturellen Schatz der Hauptstadt darstellen. In der Innenstadt dagegen gibt es noch immer eine bemerkenswerte Anzahl teilweise im Jugendstil geprägter Gartenhöfe, ohne die Charlottenburg oder Kreuzberg – wenn man an Riehmers Hofgarten denkt – gar nicht vorstellbar wären. Nicht zu vergessen sind die einzigartigen Schmuckplätze Berlins – und zwar in Ost wie West. Die inzwischen gartendenkmalpflegerisch wiederhergestellten Plätze wie Viktoria-Luise-Platz, Savignyplatz, Pariser Platz, oder kleine, aber feine Stadtplätze wie der Hausvogtei-, der Schinkel-, oder der Zietenplatz machen deutlich, was hier gemeint ist

Mit über 120 Wohnanlagen, zu denen auch die inzwischen als Welterbe der UNESCO geschützten sechs Siedlungen der Moderne: Gartenstadt Falkenberg, Schillerpark, Großsiedlung Britz, Wohnstadt Carl Legien, Weiße Stadt und Großsiedlung Siemensstadt gehören, aber auch Sportstätten, wie das in den 1930er Jahren angelegte Olympiagelände in Charlottenburg, wie auch Lehr und Forschungsstätten, zum Beispiel die Außenanlagen der Gärtnerlehranstalt in Dahlem oder der TU in Charlottenburg, machen den großen Reichtum und die Vielfalt Berliner Gartendenkmale deutlich. Streckendenkmale, wie der Landwehrkanal oder

der bekannte Luisenstädtische Kanal, in der Regel sich über mehrere Bezirke erstreckend, wären ohne Gartendenkmalschutz schwerlich in ihrem herkömmlichen Erscheinungsbild zu erhalten oder aufwendig zu restaurieren. Es gilt aber mit dem Instrumentarium des Gartendenkmalschutzes zuweilen auch, ganze Freiflächensysteme, wie die von Ludwig Lesser zu Beginn des 20. Jahrhunderts geschaffene Gartenstadt Frohnau, in ihrer überkommenen Schönheit zu erhalten und zu unterhalten. Die Gartendenkmal-Inventarisation hat im Übrigen ergeben, das sich etwa ⅓ aller Berliner Gartendenkmale in den ehemaligen Ostbezirken und ⅔ in den ehemaligen Westbezirken befinden.

Im vorliegenden Buch »Gartenkunst in Berlin« geht es in der Tat darum, den in Deutschland wohl einzigartigen, inzwischen weitgehend denkmalgeschützten historisch bedeutsamen Garten- und Parkbestand Berlins vorzustellen, auch in dem Bewusstsein, dass man nur das schützen und lieben kann, was man kennt. Es soll aber auch im Sinne Lennés deutlich gemacht werden: »Nichts gedeiht ohne Pflege und selbst die vortrefflichsten Dinge verlieren durch unzweckmäßige Behandlung ihren Wert«. Eine dauerhafte Erhaltung wertvoller Gärten ist ohne Pflege und immer wiederkehrende Inwertsetzung nicht zu leisten. Der Verfasser dieses Buches hat versucht, an zahlreichen Beispielen deutlich zu machen, dass unsere alten Gärten nicht nur Teil unseres gartenkulturellen Erbes sind, sondern wir damit auch die gesellschaftliche Verpflichtung haben, dieses Erbe angemessen zu erhalten und zu unterhalten. In der stärker werdenden Konkurrenz europäischer Metropolen macht es im Übrigen unbedingt Sinn, das wunderbare Grün Berlins als einen unbedingten Pluspunkt zu begreifen und diesem grünen Schatz in der Stadtpolitik eines Tages auch einmal wieder einen deutlich höheren Stellenwert als bisher einzuräumen.

Dass Gartenkunst zeitlos ist und jede Generation sich über neue, schöne Gärten freut, soll verständlicherweise auch in diesem Buch nicht zu kurz kommen, sind doch auch in den Jahrzehnten einer in Berlin erstaunlich dominanten Naturschutz- und Ökologiepolitik auch wunderbare neue Gärten entstanden und bekannte Gartenarchitektinnen, wie Hannelore Kossel, haben an manchen Stellen der Stadt unbedingt sichtbare neue gartenkulturelle Spuren hinterlassen. Erfreulicherweise gelang es, das zarte Pflänzchen Gartenkultur vor allem nach der Wende in Berlin zu völlig neuer Blüte zu bringen und Berlin damit wieder zu einem Mekka für Liebhaber qualitätvoller neuer Gartenkunst zu machen, womit nun deutlich ist, dass Berlin immer eine Stadt schöner Gärten war und ist. Nicht zuletzt unter der aktiven Förderung von Senatsbaudirektor Hans Stimmann gelang eine überzeugende Wiederbelebung des Städtischen, aber auch eine aktive Förderung von Gartenkunst und Gartendenkmalpflege sowie ein vorbehaltloser Einsatz für eine exzellente moderne und internationale Gartenarchitektur, die fast ausnahmslos die Qualität hat, eines Tages dann auch in den Olymp der Berliner Gartendenkmale aufgenommen zu werden.

Möge diese neu entfachte Flamme moderner Gartenkunst kein Strohfeuer sein, sondern deutlich machen, dass das steinerne Berlin – wie auch schon in den Jahrhunderten vorher – stets auch eine Stadt der Gärten und der Gartenkunst war und damit ganz entscheidend zur Identität, aber auch zur Aufenthaltsqualität Berlins beigetragen hat.

MITTE

MITTE

- Mitte
- Tiergarten
- Wedding
- Prenzlauer Berg
- Friedrichshain
- Kreuzberg

Ehrenhof Bundesrat

Zwischen der Niederkirchner- und der Leipziger Straße besteht ein ganz besonderer städtebaulicher Zusammenhang. An beiden Straßen liegen zwei öffentliche Gebäude, die mit ihren rückwärtigen Fronten und ihren Gartenbereichen aneinanderstoßen. Beide Gebäude standen in inhaltlichem Zusammenhang und waren jahrzehntelang auf das engste mit dem 1947 durch Kontrollratsgesetz formell aufgelösten Staat Preußen verbunden. Sowohl das frühere Preußische Herrenhaus, Leipziger Straße 4, heute Sitz des Bundesrates, als auch der Preußische Landtag, das heutige Berliner Abgeordnetenhaus, Niederkirchnerstraße 5, wurden von dem Architekten Friedrich Schulze (1843–1912), der beide Gebäude entwarf, jeweils an die entgegengesetzten Straßenseiten des sehr tiefen Grundstückes angeordnet und durch ein Zwischengebäude verbunden.

Während Schulze das Landtagsgebäude zur damaligen Prinz-Albrecht-Straße, der heutigen Niederkirchnerstraße, im Sinne eines italienischen Palazzo der Renaissance erbaute und mit einer Fassade aus Sandstein verkleidete, folgt die schlossartige Dreiflügelanlage des Preußischen Herrenhauses mit ihrem tiefen Ehrenhof ganz anderen inhaltlichen Vorgaben. Während sich das Berliner Abgeordnetenhaus eher städtisch-bürgerlich gibt, verweist das Bundesratsgebäude auf den Bautypus eines barocken Adelspalais, damit Bezug nehmend auf die adligen Mitglieder des Preußischen Herrenhauses, die seit 1854 der aristokratischen Oberschicht, entweder kraft erblicher Berechtigung oder kraft königlicher Berufung auf Lebenszeit, angehörten. Stilistisch einheitlich entwarf Schulze auch das heutige Bundesratsgebäude in Formen der italienischen Hochrenaissance.

Zu den Gartenanlagen des Preußischen Herrenhauses gehört neben zwei kleinen Gartenflächen beidseitig des Verbindungsbaus zum Abgeordnetenhaus namentlich der große Ehrenhof zur Leipziger Straße. Dieser wurde, wie auch das Gebäude, 1899–1904 ebenfalls nach den Entwürfen Friedrich Schulzes ausgeführt und ist trotz mancher baulicher Veränderung in späterer Zeit nicht mehr gestalterisch überformt worden. In den Jahren nach dem Bau der Mauer verwilderte er jedoch zunehmend und erst nach der Wende konnte, im Zusammenhang mit der neuen Bestimmung des Gebäudes als Bundesratsgebäude, auch an eine behutsame Instandsetzung des ansatzweise erhaltenen Ehrenhofes gedacht werden.

Grundlage für die weithin beachtete und als sehr gelungen angesehene Neugestaltung im alten Rahmen war die vom Planungsbüro Jacobs & Hübinger erarbeitete Bestandsdokumentation, die in Verbindung mit den gartenarchäologischen Grabungen die Grundlage für den ausgeschriebenen Wettbewerb ergab. Klar war damit, dass man zwar im Rahmen des Wettbewerbes – den dann das Büro Gustav Lange in Hamburg gewann – eine völlig neue Entwurfshandschrift für den Ehrenhof zuließ, aber alle noch existierenden Zeitschichten, wie z. B. wertvolles altes Mosaikpflaster, kostbare Kantensteine aus Granit oder der halbrunde Brunnen im Eingangsbereich, sorgfältig zu bewahren, zu restaurieren, zu ergänzen und in das neue Planungskonzept zu integrieren waren.

Vor allem verzichtete Lange in seinem Planungskonzept auf eine Wiederherstellung der ursprünglich den Hof dominierenden großen Rasenfläche und schuf stattdessen das diesen Hof heute beherrschende, streng orthogonale Raster aus Buchsbaumhecken, in dessen eingeschnittene

Ehrenhof Bundesrat

und mit Kies bestreute Felder er Terrakotta-Kübel stellte, die mit ihrer jahreszeitlich unterschiedlichen Bepflanzung aus blaublühenden Hortensien oder Pontischen Azaleen in diesem Hof heute ein fast südländisch schönes Flair vermitteln. Die teilweise erhaltenen Pflasterflächen und Kantensteine wurden hingegen minutiös erhalten, behutsam ergänzt, oder, wie bei dem Brunnen, zumindest andeutungsweise wiederhergestellt. Das nicht mehr vorhandene große Gitter zur Leipziger Straße hin konnte ebenfalls in den alten Strukturen, jedoch auch in einer modernen und sehr überzeugenden Handschrift neu eingebracht werden.

Gendarmenmarkt

Der Gendarmenmarkt ist der wohl beeindruckendste Berliner Stadtplatz. Vom Deutschen und Französischen Dom sowie von Schinkels Schauspielhaus beherrscht, erhielt der Platz seinen Namen von dem hier seit 1732 angesiedelten Kürassierregiment der Gens d'armes, nachdem König Friedrich I. schon 1700 den jeweils kuppelüberdeckten Bau der Deutschen und Französischen Kirche auf dem Platz veranlasst hatte. Das Kürassierregiment erhielt 1732 zugleich die Genehmigung, anstelle der ursprünglich um die Kirchen angelegten Kirchhöfe eine Umbauung mit Pferdeställen und der Hauptwache des Regiments Gens d'armes anzulegen.

Die westliche, als Deutscher Dom bezeichnete Kirche wurde 1881/82 neobarock umgestaltet. Nach den schweren Zerstörungen im Zweiten Weltkrieg begann man erst 1977 mit dem Wiederaufbau. 1996 konnte hier die Dauerausstellung »Fragen an die Deutsche Geschichte« eröffnet werden. Die Französische Friedrichstadtkirche, als Teil des Französischen Doms, war von Anfang an als Pfarrkirche der Französisch-reformierten Gemeinde, also für die hugenottischen Glaubensflüchtlinge vorgesehen. Erst 1905 erneuerte Otto March (1845–1913) die Kirche im neobarocken Stil. Die Kirche wird heute auch von der Friedrichswerderschen Gemeinde sowie für Konzerte und Vorträge genutzt.

Die beiden nach außen identischen, etwa 70 Meter hohen gekuppelten Türme sind jedoch im engeren Sinn keine Kirchtürme. Sondern die unter dem Architekten Georg Christian Unger (1743–1799) im Auftrag Friedrich II. 1785 vollendeten Türme sind hochdekorative städtebauliche Akzente nach dem Vorbild der Piazza del Popolo in Rom. Im Zentrum des Gendarmenmarktes nimmt außerdem das 1818–1821 von Schinkel anstelle früherer Theaterbauten errichtete Schauspielhaus – das heutige Konzerthaus – seinen Platz ein. Der dekorative Skulpturenschmuck dieses Theaters – nach Angaben von Schinkel vom Bildhauer Christian Friedrich Tieck (1776–1851) entworfen – nimmt daher Bezug auf antike Sinnbilder für Musik, Tragödie und Komödie.

Lange Zeit schmückte den Gendarmenmarkt kein zierendes Grün. Eine gärtnerische Gestaltung wurde auch hier erst möglich, als die Stadt Berlin in den Jahren von 1883–1892 vierzehn Markthallen errichten ließ, infolgedessen der Marktbetrieb im Freien schließlich auch auf dem Gendarmenmarkt 1886 eingestellt werden konnte. Es kam zwar schon im Zusammenhang mit der 1871 erfolgten Aufstellung des Schiller-Denkmals von Reinhold Begas (1831–1911) der erste Grünschmuck auf den Platz, aber zu einer umfassenden schmuckgärtnerischen Gestaltung kam es erst 1893/94 unter Stadtgartendirektor Hermann Mächtig (1837–1909). Er schuf einen traditionellen kaiserzeitlichen Schmuckplatz mit großzügigen Rasenparterres und zwei festlichen Fontänen vor dem Schauspielhaus sowie wunderbarem Schmuckpflaster, von dessen Qualität man nach der gartendenkmalpflegerischen Wiederherstellung der Mächtig'schen Teil-Grünanlage vor dem Deutschen Dom 1996 wieder eine Vorstellung hat. Außerdem wurden an vielen Stellen des Platzes Bäume eingebracht, von denen die erhalten gebliebene Sophora Japonica ein besonders schönes Beispiel ist.

Nach 1920 kam es zu ersten Vereinfachungen des Platzes und 1935 wurde der Gendarmenmarkt, wie auch der Lustgarten, in eine mit Steinplatten versehene Aufmarschfläche verwandelt. Im Zusammenhang mit dem Wiederaufbau des Schauspielhauses in den Jahren 1976–1984 erhielt auch

Gendarmenmarkt

der Gendarmenmarkt selber schließlich eine neue Fassung in Form von Fertigbetonplatten mit eingelassenem Pflaster, eine historisch überlieferte Mosaikpflasterung vortäuschend. Auch die Bänke, Beleuchtungskörper und weitere Ausstattungsstücke des Gendarmenmarktes, aber auch die wenig glücklichen kleinkronigen Kugelakazien, wurden noch in den letzten Jahren der DDR erneuert, sie bestimmen heute das Gesicht dieses Platzes.

Die glücklicherweise weder im Nationalsozialismus noch in der DDR-Zeit umgestaltete Gartensituation vor dem Deutschen Dom mit dem herrlichen alten Schnurbaum und Resten des Schmuckpflasters sowie dem rot eingefärbten Asphalt auf den Wegen, die früher die Kutschen zur Vorfahrt beim sonntäglichen Kirchgang oder bei Hochzeiten nahmen, gab der Gartendenkmalpflege Veranlassung, zumindest diesen weitgehend erhalten gebliebenen Rest des kaiserzeitlichen Schmuckplatzes von 1895 in alter Form detailliert wieder herzustellen, wohl wissend, dass damit immer wieder die Frage nach der schmuckgärtnerischen Wiederherstellung des gesamten Platzes provoziert wird. Ohne Zweifel wünschte man sich eine qualitätvolle Grunderneuerung dieses einzigartigen Berliner Platzes schon in den nächsten Jahren.

Hausvogteiplatz

Der Hausvogteiplatz, ein unregelmäßig geformter Platz, die sog. »Jägerbastion«, bildet noch immer die im 17. Jahrhundert unter dem Großen Kurfürsten (1620–1688) und seinem Festungsbaumeister Johan Gregor Memhardt (1607–1678) von 1658–1683 errichtete Figur der Berliner Festungsanlagen ab, so dass bis heute hier die spitzwinklige Form der bastionären Berliner Festungswälle ablesbar ist. Als diese Wälle schließlich 1734 unter dem Soldatenkönig Friedrich Wilhelm I. (1688–1740) als militärisch überholt abgerissen und eingeebnet wurden, blieb jedoch die geometrische Grundform der Bastion im Stadtgrundriss erhalten und bestimmt noch immer das städtebauliche Grundgerüst dieses Platzes.

Der Name weist auf das in unmittelbarer Nähe des Hausvogteiplatzes im Jägerhof gelegene städtische Untersuchungsgefängnis, die 1750 eingerichtete Hausvogtei, hin. Lange Zeit war dieser auch Schinken- oder Krähenplatz genannte Stadtplatz nicht begrünt, da er den hier angesiedelten Schlachtereien für die Anlieferung des Schlachtviehs diente. Erst 1860, wenige Jahre vor seinem Tod, wurde dann Lenné endlich um einen Plan zur Begrünung gebeten, der aber nur teilweise zur Ausführung kam. Es wurden zumindest die von Lenné gerne verwendeten kleinkronigen rotblühenden Kastanien im Randbereich des Platzes gepflanzt.

Diese Maßnahme zeugt von einem völligen Nutzungswechsel, den dieser Platz seit der Mitte des 19. Jahrhundert erfahren sollte. Das Quartier entwickelte sich nämlich zum wichtigsten Berliner Konfektionsviertel. Dies begann schon um 1840, doch erst nach der Reichsgründung 1871 sollte die Textilbranche ihren enormen Aufschwung nehmen, mit der Folge, das vor allem jüdische Unternehmer und Modedesigner um den Hausvogteiplatz viele neue Geschäftshäuser errichteten, die bis heute das Gesicht dieses Platzes bestimmen.

Erst 1890 kam es dann zu einer ersten Begrünung mit Springbrunnen. Nach dem Bau der U-Bahn im Jahr 1906 gelang es dem damaligen Berliner Stadtgartenbaudirektor Hermann Mächtig (1837–1909), den Platz einschließlich geringfügig versetztem Brunnen im Jahr 1907 neu zu gestalten. Der 1400 Quadratmeter große und ziemlich vernachlässigte Platz konnte nach der Wende unter Federführung der Gartendenkmalpflege im Zeitraum 2000/01 weitgehend wiederhergestellt werden. Eine genaue Dokumentation der Entwicklungsgeschichte, gartenarchäologische Grabungen und der erhaltene Lindenbaum-Bestand bildeten die Grundlage für die Wiederherstellungsplanung. Unter Verzicht auf die die Bewegungsfreiheit auf dem kleinen Platz doch stark einengenden gründerzeitlichen Zier- und Decksträucher bestimmen heute die im Sommer Schatten spendenden Linden, der aus Elbsandstein wiederhergestellte Brunnen mit seinem traditionellen bronzenen Brunnenkranz und festlicher Fontäne und das wertvolle Natursteinmaterial das Gesicht dieses kleinen, aber feinen Berliner Stadtplatzes. Die im übrigen im Gehwegbereich wieder aufgepflanzten rotblühenden Kastanien sind ein schöner Verweis auf den vielfältig in der Stadt Berlin tätigen Peter Joseph Lenné.

Hausvogteiplatz

Kolonnadengarten

Von Anbeginn an sind die Museumsbauten der von Friedrich Wilhelm IV. (1795–1861) und seinem Architekten Friedrich August Stüler (1800–1865) geplanten »Freistätte für Kunst und Wissenschaft«, der heutigen Museumsinsel, ein städtebauliches Architekturkonzept, in welches – beginnend bei Karl Friedrich Schinkels (1781–1841) Altem Museum mit Lustgarten – eben auch Gartenanlagen integriert gedacht und ausgeführt worden sind.

Bis heute dominieren den Kolonnadengarten das von Stüler geschaffene Neue Museum – sein erster Monumentalbau – sowie die ebenfalls noch von ihm 1862–1865 entworfene Nationalgalerie und zahlreiche bauliche Annexe, wie die gewaltige, den Kolonnadengarten zur Bodestraße, aber auch zur Spree hin rahmende, ebenfalls von Stüler schon 1841 entworfene Säulenhalle. Namentlich die dominierende Stellung der Nationalgalerie, aber auch das Neue Museum mit seiner reichen Grundrissentwicklung bestimmen mithin nach wie vor die innere Raumstruktur dieses Gartenhofes, der 1880 vom damaligen königlichen Tiergartendirektor Eduard Neide (1818–1883) geplant und ausgeführt wurde.

Der 2005–2010 grunderneuerte Kolonnadengarten entwickelt noch immer eine eigene Anmutung, den Zauber einer »arkadisch-südlichen« Welt, wozu ohne Zweifel die mächtigen Platanen beitragen, schon von Schinkel und Lenné (1789–1866) als Boten des Mittelmeerraumes sehr geschätzt, wie auch die reiche Verwendung von immergrünem Buchsbaum. Nicht zuletzt die zahlreichen, von 1884–1914 aufgestellten Plastiken, die drei Bildhauer-Generationen repräsentieren, den Klassizismus der Rauch-Zeit, den Neubarock der Begas-Schule und den Neoklassizismus der Kaiserzeit, vermitteln anschaulich eine an der Antike geschulte Sammelleidenschaft.

Ursprünglich war an Stelle des Vierpassbrunnens das Reiterstandbild Friedrich Wilhelms IV. von Alexander Calandrelli vorgesehen, welches jedoch auf kaiserliche Anordnung hin 1886 auf der Freitreppe vor der Nationalgalerie angeordnet wurde, was Platz für den Brunnen im Zentrum des Gartenhofes schuf. So konnte schließlich in einer umfassenden Gartengestaltung der Hochzeit dieses Gartenhofes um 1879/80 der Brunnen unmittelbar im »Fontänenplatz« angeordnet werden, einschließlich rahmender Hecken und Bänke. Bald folgten dann auch schon die erwähnten Bildwerke. Bereits 1910 wurde jedoch infolge der Errichtung des Pergamonmuseums der nordwestliche Teil der Säulenhalle abgerissen. Weitere Eingriffe und Vernachlässigungen des Bau- und Gartenkunstwerkes erfolgten Mitte der 1930er Jahre.

Schon Anfang der 1980er Jahre gab es dann im konservatorisch verantwortlichen Institut für Denkmalpflege der DDR erste Überlegungen einer behutsamen Instandsetzung, auch des denkmalgeschützten Kolonnadengartens auf der Museumsinsel.

Die Entwicklung der Wende verhinderte jedoch eine Umsetzung, veranlasste allerdings, dass das in der Nachfolge für das Institut für Denkmalpflege der DDR tätige Landesdenkmalamt Berlin sich nicht nur einer Grundinstandsetzung bzw. Erneuerung der teilweise desolaten Baulichkeiten annahm, sondern eben auch der stark vernachlässigten Gartenanlagen.

Es kam schließlich zur Auslobung eines internationalen Wettbewerbes »Zwischenräume – Gestaltung eines öffentlichen Raumes auf der Museumsinsel« im Jahr 2000. Als Wettbewerbser-

Kolonnadengarten auf der Museumsinsel

gebnis wurde der 1. Preis dem Planungsbüro Levin Monsigny Landschaftsarchitekten GmbH, Berlin, zugesprochen, ein Entwurf, der im Sinne einer »kritischen Rekonstruktion« die Grundrisslösung des 19. Jahrhunderts und damit die Motive des historischen Gartenhofes aufgreift und sie in zurückhaltender und moderner Weise neu interpretiert. Nicht zuletzt die vielfache und durchaus artifizielle Verwendung des Themas Buchsbaum, aber auch beispielsweise eine klassisch strenge, aber eben doch moderne Fassung des wertvollen Vierpassbrunnens machen auch am Kolonnadengarten deutlich, dass gartendenkmalpflegerische Anforderungen einerseits und neue gartenkünstlerische Handschrift andererseits sich nicht ausschließen, sondern zu einer spannungsvollen, und damit intelligenten Weiterentwicklung beitragen können.

Forum Fridericianum und Lindenforum

Die Abfolge verschiedener, jedoch inhaltlich zusammenhängender Plätze und Freiräume vom Beginn der heutigen Linden bis zur Schlossbrücke wird gemeinhin als Lindenforum bezeichnet, womit an den Umstand erinnert wird, dass auch dieser Abschnitt der Straße Unter den Linden bis 1658 mit Alleebäumen besetzt war.

Das zum Lindenforum gehörende Forum Fridericianum nimmt hierbei ohne Zweifel eine Sonderstellung ein, ist es doch ein städtebaulich-architektonischer Entwurf, der, einer königlichen Vorstellung entsprungen, dann auch weitgehend im Zeitalter des Barock umgesetzt wurde. Nicht nur das Forum Fridericianum, sondern das gesamte Lindenforum, ja die Linden selber, sind in jener Zeit ein »landesherrlicher Hoheitsbereich«, in dem sich die Monarchen alle wichtigen baulichen Entscheidungen ihrer Residenz selbst vorbehielten. Auch nach dem Ende der Monarchie erfreuen sich die Straße Unter den Linden und das Lindenforum einer ungebrochenen staatlichen Präsenz und Einflussnahme.

Das Forum Fridericianum – heute Teil des Bebelplatzes, früher Opern-, bzw. Kaiser-Franz-Joseph-Platz – geht in der Tat im wesentlichen auf die schon in der Rheinsberger Kronprinzenzeit entwickelten städtebaulichen Ideen Friedrich II. (1712–1786) und Wenzeslaus von Knobelsdorff (1699–1753) zurück, die der König dann auch unmittelbar nach seiner 1740 erfolgten Thronbesteigung umzusetzen begann.

Ausgeführt wurde 1741–1743 nach den Plänen Knobelsdorffs das Opern- und Festhaus, die heutige Staatsoper. Als Ersatz für das nicht errichtete neue Schloss wurde stattdessen 1748–1766 für Prinz Heinrich von Preußen (1726–1802) von Johann Boumann d. Ä. (1706–1776) ein Stadtpalais in Form einer Dreiflügelanlage – seit 1809 die spätere Friedrich-Wilhelm- bzw. heutige Humboldt-Universität – gebaut.

Anstelle der geplanten Akademie der Wissenschaften entstand 1775–1780 nach Plänen Georg Christian Ungers (1743–1799) die königliche Bibliothek, unter Zugrundelegung eines Entwurfs von Joseph Emanuel Fischer von Erlach für den Michaelertrakt der Wiener Hofburg.

1747/48 wurde nach Angaben des Königs und Plänen von Knobelsdorff, in Anlehnung an das Pantheon in Rom, die erste katholische Kathedrale in Berlin errichtet – nach der schlesischen heiligen Hedwig St. Hedwigs Kathedrale genannt. Noch zu Lebzeiten Friedrichs II. konnten so bis 1780 die das Forum rahmenden Gebäude weitgehend vollendet werden. Spätere Bauwerke, wie das sich an die königliche Bibliothek zu den Linden hin anschließende Palais Kaiser Wilhelms I. und das Gebäude der Dresdner Bank, heute Hotel de Rome, kamen erst im 19. Jahrhundert hinzu.

Das Forum Fridericianum – ursprünglich nur eine sandige Fläche – war in seiner an der Antike geschulten Gestalt- und Raumqualität nicht begrünt, sondern als freier Architekturraum gedacht und ausgeführt. Erst 1845–1850 wurde der Opernplatz nach den Plänen Peter Joseph Lennés (1789–1866) begrünt.

Zu dem nach Entwürfen des Carl Friedrich Langhans in den Jahren 1834–1837 erbauten »Alten« – oder »Kaiserlichen Palais« wurde 1837 noch die nach der Wende rekonstruierte, zum Forum hin sich öffnende Veranda mit Pergola und weinberankten Hermenpfeilern in Form antiker Karyatiden sowie ein gusseisernes Schmuckgitter zum Schutz des kleinen »Vorgartens« errichtet. 1851 erfolgte schließlich noch die Aufstellung des von

Forum Fridericianum, Bereich vor der Humboldt-Universität

Christian Daniel Rauch 1839–1851 geschaffenen monumentalen Reiterdenkmals Friedrich II., das nach Plänen Johann Heinrich Stracks (1805–1880) Unter den Linden, in unmittelbarem axialen Bezug zur Eingangsfront des Palais aufgestellt wurde.

In den 1920er Jahren entschloss man sich schließlich, die Lennéschen Grünanlagen gänzlich zu entfernen und stattdessen wieder den ursprünglichen, das heißt unbegrünten Architekturplatz herzustellen. An die berüchtigte, von den Nazis am 10. Mai 1933 initiierte Bücherverbrennung auf dem Opernplatz erinnert heute das 1994 fünf Meter unter dem Platz nach Plänen von Micha Ullman angelegte Mahnmal.

Nach dem Tod Prinz Heinrichs übereignete Friedrich Wilhelm III. (1770–1840) das Heinrich-

Palais 1809 der neu gegründeten Universität. Schon 1836–1840 und nochmals 1889–1892 kam es zu erheblichen Umbauten, die die dreiflügelige Grundrissstruktur des Palais bis heute prägen, ergänzt 1913–1920 durch Erweiterungen, namentlich der Seitenflügel unter Stadtbaurat Ludwig Hoffmann (1852–1932). Es entstand somit der große Gartenhof, unter Abholzung von Teilbereichen des alten Kastanienwäldchens und des Universitätsgartens. Den Eingang des Ehrenhofes zieren noch immer zwei Schilderhäuser mit bekrönenden Puttengruppen sowie das schöne, im Kern ebenfalls noch barocke Hofgitter aus der Heinrich-Zeit. Die Freiflächen der Friedrich Wilhelms-Universität verwandelte übrigens Alexander von Humboldt in der ersten Hälfte des 19. Jahrhunderts in einen botanischen Garten, daran erinnern noch heute ein im Ehrenhof stehender alter Ginkgo biloba sowie zwei Kastanien und eine mächtige Platane. Sein heutiges Gesicht erhielt der Ehrenhof nach dem Vorbild des Schlüterhofes im Schloss 1935/36 mit einer aus rötlichem Granit gepflasterten Mittelfläche und schmalen, diagonal verlaufenden Bändern und Quadraten aus hellem Bernburger Kalkstein.

Der große Gartenhof hingegen wurde nach den Zerstörungen im Zweiten Weltkrieg 1960–1962 durch den Landschaftsplaner und Hochschullehrer Prof. Georg Bela Pniower neu gestaltet.

Sowohl die beiden Vorgärten als auch der Ehrenhof selber weisen Bildwerke berühmter Gelehrter wie Helmholtz, Mitscherlich, Treitschke, Mommsen auf; ohne Zweifel sind jedoch die beiden unmittelbar am Schmuckgitter des Ehrenhofes stehenden Denkmale von Wilhelm (Bildhauer Paul Otto) und Alexander von Humboldt (Bildhauer Reinhold Begas) die prominentesten.

Zwischen Humboldt-Universität und Zeughaus befindet sich – nur durch das Kastanienwäldchen getrennt und schon im Lindenforum liegend – die 1816–1818 nach Entwürfen Karl Friedrich Schinkels als Königswache errichtete sog. »Neue Wache«.

Der »denkmalhafte Bau« von Schinkel, nicht zuletzt durch das Kastanienwäldchen in überzeugender Weise zu seinen beiden hochbedeutenden Nachbargebäuden ebenfalls in eine gute Beziehung gesetzt, wurde ursprünglich von den vom Bildhauer Christian D. Rauch geschaffenen Marmordenkmalen der Feldherren Gerhard David von Scharnhorst und Friedrich Wilhelm Graf Bülow von Dennewitz flankiert, die nach Schinkels Angaben 1822 aufgestellt wurden. Auf der anderen Straßenseite des Lindenforums, in unmittelbarer Benachbarung zum Prinzessinnengarten, folgten dann später drei mit Scharnhorst und Bülow korrespondierende, ebenfalls von Christian D. Rauch geschaffene bronzene Standbilder, 1826 die Statue Gebhard Leberecht von Blüchers (1742–1819) und 1855 das Standbild August Neidhardt Graf von Gneisenaus (1760–1831) sowie das von Ludwig Graf Yorck von Wartenburg (1759–1830).

Mit der Errichtung der neuen Schlossbrücke 1821–1824 nach Entwürfen Karl Friedrich Schinkels und ihrem idealen Skulpturenschmuck – Sieg und Opfermut der Freiheitshelden versinnbildlichend – gelang schließlich die Vervollkommnung der vom Brandenburger Tor bis zum Schloss führenden Straße. Die im Kern barocke Straßenachse erhielt ihren glänzenden, klassizistisch geprägten Auftakt und Beginn.

Reiterstandbild König Friedrich II. von Preußen

Luisenstädtischer Kanal

Der Luisenstädtische Kanal wird Mitte des 19. Jahrhunderts als Schifffahrtskanal zwischen Spree und Landwehrkanal im Zuge der baulichen Erweiterung Berlins angelegt. Grundlage ist der von Peter Joseph Lenné entworfene »Bebauungsplan für das Cöpenicker Feld«. Der Luisenstädtische Kanal ist das Kernstück von Lennés Plan »Projectirte Schmuck- und Grenzzüge von Berlin mit nächster Umgebung«.

1926/27 wird der Kanal zugeschüttet, und zwischen den alten Kanalmauern entstehen nach Plänen des Berliner Stadtgartendirektors Erwin Barth und der Gartenamtsleiter von Mitte Hans Martin und Leo Kloss in den einzelnen Kanalabschnitten eine Abfolge von Themengärten. Lediglich das Engelbecken vor der St. Michael Kirche – also das ursprüngliche Hafenbecken – erinnert noch immer an den ehemaligen, von Lenné geplanten Kanal.

Für das Engelbecken plante Barth anfangs einen »Indischen Teich« mit exotischen Pflanzen und Elefantenstatuen, der von den warmen Abwässern der Eisfabrik in der Köpenicker Straße gespeist werden sollte, dann ein Volksbad, das aber am Widerstand der katholischen Öffentlichkeit scheiterte.

Von den fernöstlichen Visionen zeugt allein noch der Indische Brunnen im angrenzenden Rosengarten. Das Engelbecken wurde hingegen in der an öffentlichen Freiflächen armen Luisenstadt ein beliebter Ort für allerlei Freizeitvergnügen wie Eislauf, Planschen im »Wasserschloss« oder Karpfenfang.

Nach dem Zweiten Weltkrieg werden einige Abschnitte teilweise mit Trümmerschutt aufgefüllt und darauf neue Grünanlagen angelegt. Mit dem Bau der Berliner Mauer erfährt der Grünzug ein getrenntes Schicksal: im Bezirk Mitte entstehen Mauer und Todesstreifen, auf der Kreuzberger Seite wird er hingegen in den 1980er Jahren im Zusammenhang von Stadtsanierung und IBA-Planung neu- und umgestaltet.

Nach dem Fall der Mauer 1989 wird eine Revitalisierung des Stadtraumes und damit auch des Lenné-Barth'schen Grünzuges möglich. Schon 1991 erhält er auf Initiative der Gartendenkmalpflege wieder seine ursprüngliche beindruckende Rahmung mit Lindenreihen, auch um den »grünen Kanal« als Gartendenkmal und Grünraum gegen die gleich nach der Wende geplante Umwandlung in eine Verkehrstrasse zu schützen.

Denkmalschutz wurde schon 1993 für den ganzen Kanalzug ausgesprochen, und die im Bezirk Mitte liegenden Gartenabschnitte wurden auf der Grundlage gartenarchäologischer Grabungen schrittweise wiederhergestellt. Zu den besonders beliebten Bereichen gehören der Rosengarten und das Engelbecken.

Rosengarten

Der Rosengarten wurde 1995 ebenfalls mit Mitteln der Gartendenkmalpflege und des Bezirksamtes Mitte wiederhergestellt. Die einzige erhaltene historische Kanal-Brücke, die Waldemarbrücke, bildet hier die Nahtstelle zwischen Mitte und Kreuzberg.

Bei den Ausgrabungsarbeiten fand man neben Wegeeinfassungen und Pergolenresten auch das längliche Brunnenbecken. Bei der anschließenden Wiederherstellung des Rosengartens auf Grundlage von Planungen des Gartenarchitekten Horst Schumacher wurden nicht nur alle Kanalwände sorgfältig restauriert, verschiedene Rankpflanzungen, wie Rankrosen, an den diversen Pergolen neuerlich eingebracht, sondern auch das

Rosengarten

Rasenparterre und die sich bis zum Engelbecken erstreckenden formal gestalteten Rosenbeete neu aufgepflanzt.

Der »Indische Brunnen«, ursprünglich von Prof. Walter Schott (1861–1931) gestaltet, zeigt sich heute wieder komplett mit nachgebildeter Bronzeplastik, die Spitze krönt wieder die sitzende Figur einer Göttin der Weisheit, 1995 durch den Künstler Gerald Matzner in Anlehnung an das historische Vorbild neu gestaltet.

Engelbecken

Mit Mitteln und auf Veranlassung der Gartendenkmalpflege, der Senatsbauverwaltung und des Bezirksamtes Mitte konnte das Engelbecken 1999/2000 freigelegt und die umlaufenden Promenaden, Mauern und Treppen wiederhergestellt werden. Von Herbst 2005 an wurden die Becken- und Umfassungsmauern saniert, der Uferweg mit seinen Laubengängen und Bänken wiederhergestellt sowie das große Wasserbecken mit anstehendem Grundwasser geflutet und wieder mit 16 Fontänen ausgestattet. Der Wiederaufbau des »Wasserschlosses« als Gebäude mit gastronomischer Nutzung wurde 2011 abgeschlossen, es erfreut sich bei den Besuchern des Luisenstädtischen Kanals inzwischen großer Beliebtheit.

Die in den 1980er Jahren nach Plänen des Architekten Hinrich Baller neu gestalteten Kreuzberger Abschnitte des Luisenstädtischen Kanals konnten leider nicht in die auch dort von der Gartendenkmalpflege geplante Grunderneuerung unter denkmalpflegerischen Aspekten einbezogen werden. Obwohl eine behutsame, aber doch grundlegende Instandsetzung auch dieser Abschnitte unbedingt wünschenswert gewesen wäre, war sie politisch nicht durchsetzbar, mit der Folge, dass sich heute der grüne Luisenstädtische Kanal in zwei ganz unterschiedlichen Erscheinungsbildern präsentiert.

Folgeseite: Engelbecken

Lustgarten

Im Zusammenhang mit dem schrittweisen Ausbau der Residenz der Hohenzollern an der Spree kommt es schon unter Kurfürst Johann Georg (1525–1598) um 1573 zur Anlage eines ersten nachweislichen Nutz- und Küchengartens durch seinen Hofgärtner Desiderius Corbinianus. Jedoch erst unter dem Großen Kurfürsten Friedrich Wilhelm sollte nach dem Ende des 30jährigen Krieges, als er 1648 noch von Kleve aus den Befehl zum Ausbau des Berliner Schlosses als frühbarocke Residenz erließ, auch der Lustgarten zum ersten Mal in einen wirklich repräsentativen Garten verwandelt werden.

Unter Leitung seines Hofgärtners Michael Hanff wurde nun der Lustgarten unter dem Einfluss niederländischer Gärten, aber auch unter Mitwirkung des Schlossbaumeisters Johann Gregor Memhardt (1607–1678), um 1650 völlig neu gestaltet. Im sogenannten Memhardt-Plan von 1652 ist der damalige dreigeteilte Lustgarten vorzüglich überliefert: neben dem schlossnahen Lustgarten mit seinen Parterreflächen, Laubengängen, diversen Statuen sowie einem Lusthaus mit einer künstlichen Grotte gab es einen weiteren Gartenbereich, einen Wassergarten mit Springbrunnen und Wasserspielen sowie den Küchen- und Kräutergarten, an der Stelle, wo sich heute das Bodemuseum befindet. Ab 1685, also noch zu Lebzeiten des Großen Kurfürsten, fügte Johann Arnold Nering (1695–1755) dem Lustgarten noch eine in Halbkreis-Form errichtete Orangerie hinzu.

Unter dem Soldatenkönig Friedrich Wilhelm I. (1688–1740) wurde auch der Lustgarten, wie viele andere königliche Gärten jener Zeit, zum Exerzier- und Paradeplatz planiert und sollte erst wieder unter Karl Friedrich Schinkel – im Zusammenhang mit der Errichtung des Königlichen Museums – eine neue, wenn auch schlichte Begrünung erhalten. Schon 1822 konnte Schinkel den barocken Berliner Dom im klassizistischen Stil neu gestalten, und 1828 vollendete er die Umgestaltung des nördlichen Teils der Spreeinsel zur Museumsinsel mit seinem Alten Museum. Weitgehend auf Grundlage von Schinkels städtebaulichen Vorstellungen gestaltete dann in den Jahren von 1826–1829 Peter Joseph Lenné die vom Kupfergraben, Stadtschloss, Dom und Altem Museum gefasste Platzfläche wieder als Grünanlage. Im wesentlichen dominierten diese Anlage sechs große Rasenfelder, zum Schloss hin mit einem großen Fontänenbassin ausgestattet und zum Alten Museum mit der vom Bildhauer Cantian aus Granit geschlagenen, 6,91 Meter durchmessenden Granitschale.

In der zweiten Hälfte des 19. Jahrhunderts kam es zu weiteren Umgestaltungen: das Zentrum des Lustgartens beherrschte seit 1871 ein Reiterstandbild Friedrich Wilhelms III. und es wurden zwei weitere Brunnenbecken mit festlichen Fontänen errichtet. Vor allem aber sollte der zwischen 1894 und 1905 durch Julius Carl Raschdorff (1823–1914) errichtete neue Berliner Dom im Stil italienischer Hochrenaissance, aber auch eine neue Verkehrsführung zwischen Schloss und Dom ganz neue städtebauliche Akzente setzen.

Unter den Nationalsozialisten kam es neuerlich zu einer weitgehenden Beseitigung der gärtnerischen Gestaltung, der 1935 komplett gepflasterte Lustgarten wurde stattdessen zu Partei-Aufmärschen und ähnlichen Kundgebungen missbraucht. Sowohl das königliche Reiterstandbild als auch die berühmte Granitschale wurde an den Rand des Lustgartens gerückt. Nach dem Krieg wurde das lediglich leicht beschädigte Reiterstandbild eingeschmolzen. Das Schloss der Hohenzollern wurde gesprengt und abgerissen. Zwischen 1973 und 1976

Lustgarten mit Berliner Dom

wurde dann an der Stelle des Hohenzollernschlosses der Palast der Republik erbaut, der – inzwischen ebenfalls gesprengt – Platz gemacht hat für das noch in der Entstehung befindliche Humboldtforum, das in der Kubatur des alten Stadtschlosses und mit seinen Fassaden versehen schon bald eine schmerzliche städtebauliche Lücke im Herzen des historischen Berlin füllen wird. Der Lustgarten selber wurde von seinem Pflaster aus der Zeit der Nationalsozialisten befreit und nach einem Entwurf des Atelier Loidl – der sich an den sehr klaren und formalen Gestaltungsvorgaben von Schinkel orientiert – 1998/99 neu gestaltet. Es kam nicht nur zu erheblichen Linden-Neupflanzungen, auch die Granitschale kam wieder an ihren alten Standort zurück. Eine moderne Version eines Springbrunnens entstand ebenfalls an alter Stelle neu.

Man wünschte sich allerdings, dass das schöne grüne Bindeglied zum Lustgarten, nämlich die von Lenné 1844–1847 realisierte grüne Schlossterrasse, wiederhergestellt würde. Diese streng formale Gartenterrasse mit ihrem reichen Skulpturenschmuck würde die lange Zeit verloren gegangene Bedeutung der Lustgartenfront des Schlosses als Gartenseite endlich wieder neu beleben, aber auch die Vorgartenbedeutung dieser »dem freien Zutritt des Publikums« stets zugängigen Lennéschen Schlossterrasse wieder herausarbeiten.

Pariser Platz

Der Pariser Platz, eingespannt zwischen Brandenburger Tor und dem westlichen Ende der Straße Unter den Linden, entstand 1734 im Zuge der vom Soldatenkönig Friedrich Wilhelm I. (1688–1740) angeordneten Erweiterung der Friedrichstadt.

Der damals noch unbefestigte Rechteckplatz erhielt im Zuge der ab 1735 errichteten Akzisemauer, die bis zum Abriss im Jahr 1867 Bestand haben sollte, eine barocke Toranlage. Diese wurde 1790 durch die monumentale, nach Plänen Carl Gotthard Langhans (1732–1808) im Auftrag Friedrich Wilhelms II. (1744–1797) entworfene, von zwei Flügelbauten gefasste Toranlage dorischer Ordnung ersetzt, die den Pariser Platz heute dominiert.

Noch im Jahr der Vollendung des Brandenburger Tors, 1791, wurde erstmalig die Fläche des Pariser Platzes »gehörig gepflastert«, so dass der Platz seitdem in voller Größe als reiner Verkehrsplatz uneingeschränkt zur Verfügung stand. Eine Begrünung des Pariser Platzes sollte jedoch noch lange auf sich warten lassen.

Erst 1877 konnte schließlich der Berliner Stadtgartendirektor Hermann Mächtig (1837–1909) mit einem Entwurf schmückender gärtnerischer Anlagen für den Pariser Platz beauftragt werden, der dann 1880 ausgeführt wurde.

Die Grundform der beiden spiegelbildlich angeordneten Parterreanlagen, bestehend aus jeweils einem vertieften Rasenparterre, den mit Funkien gesäumten großen Brunnen im Zentrum, einer um die beiden versenkten Rasenparterres herumlaufenden Blumenbordüre für sommerliche Wechselbepflanzungen, gerahmt aus einem übergroßen, bei Lauchhammer gegossenen Tiergartenschutzgitter, sollte dann bis in die 1950er Jahre Bestand haben.

Erst im Zusammenhang mit den 1950 einsetzenden Instandsetzungsarbeiten des Tores kam es nach Abräumung der Brunnen und Zuschüttung der vertieften Rasenparterres, jedoch unter Beibehaltung der ursprünglichen Beetmaße, zur Anlage von zeittypischen, kleinlich wirkenden Beeten in Rechteckform. Im Jahr 1965 wurden die ja im Kern noch immer erhaltenen Parterreanlagen nochmals umgestaltet, indem auf jeder Vegetationsfläche je vier 60 Zentimeter hohe Hochbeete mit Riemchenverkleidung angelegt wurden.

Der insgesamt höchst unbefriedigende Zustand machte eine Grunderneuerung der Gesamtanlage notwendig. Als sich im Frühjahr des Jahres 1992 für die Berliner Gartendenkmalpflege die Chance bot, kurzfristig ausreichende Mittel für eine Grundinstandsetzung des Platzes zu gewinnen, wurde noch im April des Jahres mit umfangreichen Voruntersuchungen begonnen.

Nicht zuletzt eindeutige gartenarchäologische Grabungsergebnisse erbrachten den Nachweis, dass noch immer wesentliche Bestandteile der ursprünglichen Anlage erhalten waren, so die vollständig erhaltenen beiden Platzflächen, Teile der rahmenden Granitborde einschließlich der Fundamente und die kompletten Springbrunnensohlen.

Dieser Befund ergab eine Grundlage für die Wiederherstellung analog der Erstanlage von 1880, jedoch entsprechend dem »abgemagerten« Zustand von ca. 1930.

Die schließlich im Sommer 1992 mit Hilfe von EU- und Bundesmitteln für das Programm »Aufschwung Ost« unter Verantwortung der Berliner Gartendenkmalpflege durchgeführte Platzrekonstruktion konnte – einschließlich Schmuckpflaster, historischer Kandelaber und bronzener Brunnenkränze – Weihnachten 1992 weitgehend abgeschlossen werden, so dass im Frühjahr 1993 der Platz der Bevölkerung übergeben wurde.

Pariser Platz

Promenade am Monbijoupark

Der Monbijoupark befindet sich auf dem Gelände des nach dem Zweiten Weltkrieg abgerissenen Schlosses Monbijou, an dessen Stelle man 1960 eine kommunale Grünanlage mit einem Planschbecken und einem Kinderspielplatz anlegte. Lediglich die erhaltenen alten Bäume des vollständig beseitigten alten Schlossparkes erinnern noch immer an einen fürstlichen Garten, der seinen Höhepunkt im 18. Jahrhundert, jedoch schon im 19. Jahrhundert an der immer näher rückenden Bebauung zu leiden hatte. Auch wurden dem Garten schon in damaliger Zeit an allen Seiten Grundstücke zur Bebauung entzogen, und den schlimmsten Eingriff stellte wohl der Bau der Stadtbahn dar, der die Parkanalage auf der Südseite völlig abriegelte. Dennoch, das gar nicht sehr große Schloss – seit etwa 1830 nicht mehr von den Hohenzollern bewohnt, sondern zur Unterbringung von Kunstsammlungen und teilweise sogar als Kaserne genutzt – fand schließlich seit 1877 bis in den Zweiten Weltkrieg hinein seine endgültige Bestimmung als Hohenzollernmuseum, ehe Schloss und Garten schließlich ein Opfer der Bomben wurden.

Nach der Umsetzung der Pläne des Ateliers Lützow 7 in den 1990er Jahren bietet sich heute dem an der Spree entlang Flanierenden wieder ein besonders attraktives Bild, das insbesondere die Chance nutzt, von einer großzügigen Uferpromenade aus die Skyline der historischen Mitte Berlins, aber auch die Bauten der als Weltkulturerbe geschützten Museumsinsel wie die Alte Nationalgalerie mit ihren wundervollen Kolonnaden entlang der Spree sowie die Friedrichsbrücke mit Dom im Hintergrund zu betrachten. Ohne Zweifel bietet sich von dieser Promenade am Monbijoupark über die Spree hinweg eine der schönsten Blicke auf die alte Mitte Berlins.

Der Gehweg an der Spree, eigentlich mehr eine großzügige Terrasse, ist mit wertvollem Natursteinmaterial, sowohl Pflaster als auch großformatigen Platten, belegt. Immer wieder laden bankartige Sitzmauern zum Verweilen ein. Eine der Achsen des untergegangenen Schlosses mündet in eine breite, barock anmutende Treppenanlage zur Spree, so dass man unwillkürlich an venezianische Vorbilder erinnert ist. Horizontal geschnittene Hecken strukturieren das ganze Gelände und geben Sichtschutz, hingegen ein kurz geschnittener Rasenteppich das alles verbindende grüne Element ist und den müden Großstadtmenschen zum Lagern und Spielen einlädt. Das wieder eingebrachte, historisch belegte gusseiserne Gitter unmittelbar an der Spree bietet nicht nur wieder notwendigen Schutz, sonder macht auch deutlich, dass man im Zentrum Berlins, sei es am Landwehrkanal oder an der Spree, der Ufergestaltung einschließlich der baulichen Details im 19. Jahrhundert stets eine besondere Sorgfalt gewidmet hat.

Promenade am Monbijoupark

Schinkelplatz

Der 1834 errichteten Bauakademie von Karl Friedrich Schinkel – in der er seit 1836 selber wohnte – war vor dem Haupteingang an der Nordseite ein kleiner dreieckiger Platz vorgelagert. Erste Entwürfe zu einer schlichten Gestaltung des unmittelbar am Kupfergraben gelegenen Platzes sind von Schinkel selbst in seinem »Architektonischen Skizzenbuch« mit den Worten eines »mit Bäumen besetzten Rasenplatzes« überliefert. Jedoch sollte erst 1837 der kleine, noch völlig schmucklose Platz durch Peter Joseph Lenné als schlichter, mit wenigen Bäumen bestandener Rasenplatz gestaltet werden.

Seinen Namen sollte der Platz erst nach der Errichtung der Denkmäler für Thaer (1860), Beuth (1861) und schließlich für Schinkel (1863) im Jahr 1869 erhalten. Im Verlauf der Diskussion, die Denkmäler nebeneinander, im Dreieck oder an den Ecken des kleinen Platzes aufzustellen, war es schließlich Lenné, der vorschlug, die Denkmäler in einer durch Mosaikpflaster zu markierenden und weiter auszuschmückenden Halbkreisform aufzustellen, was dann durch eine Entscheidung des Prinzregenten, des nachmaligen Kaisers Wilhelm I, bestätigt wurde: und zwar das Beuth-Denkmal an der Wasserseite, das Thaer-Denkmal an der Häuserseite und das Schinkel-Denkmal in der Mitte. Seine endgültige Gestaltung nach Plänen der Ministerial-Baukommission erhielt der Platz schließlich 1887. Diese Form der Platzanlage bestand bis 1962, als die Bauakademie und der Schinkelplatz dem monströsen Außenministerium der DDR weichen mußten.

Die drei Bronzestandbilder von Karl Friedrich Schinkel (1781–1841), Peter Christian Beuth (1781–1853) und Albrecht von Thaer (1752–1828), zwischen 1856 und 1869 von Christian Daniel Rauch (Thaer), nach dessen Tod im Dezember 1857 von Hugo Hagen vollendet, bzw. seinen Schülern August Kiß (Beuth) und Friedrich Drake (Schinkel) geschaffen, gehören zu den wichtigsten Schöpfungen der Berliner Rauch-Schule. In allen drei Bronzeskulpturen ist die von Rauch entwickelte Form mit Betonung der Individualität der Dargestellten und der Gültigkeit ihrer Verdienste idealtypisch verwirklicht.

Vor allem mit den Sockelreliefs, die die gestuften Sockel heute wieder zieren, wurde Bezug auf die Tätigkeit der Geehrten genommen. Nur der Sockel der Schinkelskulptur war nicht reliefgeschmückt, sondern mit vier Eckkaryatiden ausgestattet, die Geschichte, Architektur, Malerei und Plastik verkörpern. Die Figur von Thaer, in dozierender Haltung, die linke Hand den Pflugschar umfassend, ist Hinweis auf Thaers Bedeutung als Hochschullehrer und Begründer einer rationalen und wissenschaftlichen Landwirtschaft. Mit Beuth, einem engen Freund Schinkels, wurde ein Mann geehrt, der als Begründer des Gewerbeinstitutes und Staatsrat die industrielle Entwicklung in Preußen maßgeblich förderte. So wurden erstmalig verdiente Bürger im öffentlichen Raum geehrt, oder wie der Bildhauer Rauch 1857 anmerkte, es waren »die ersten Helden auf öffentlichen Plätzen ohne Degen!«

Nach dem Abriss des DDR-Außenministeriums gleich nach der Wende ergab sich die Chance einer genauen Wiederherstellung des Platzes, was umso überzeugender ist, da sich die den Platz so ungemein prägenden drei Figuren im Prinzip erhalten hatten, und zumindest im Abguss wieder an ihren angestammten Platz zurückkehren konnten. Mit der Aufgabe der Wiederherstellung des Schinkelplatzes wurde die Gartendenkmalpflege

Schinkelplatz

beauftragt, die den Platz in den Jahren 2007/08 im Rahmen der Entwicklungsmaßnahme »Hauptstadt Berlin – Parlaments-und Regierungsviertel«, gefördert mit Mitteln des Landes Berlin und der Bundesrepublik Deutschland sowie unterstützt durch die von Hinkeldey-Stiftung, wiederherstellen konnte.

Zu den prägenden Elementen des Platzes gehören heute neben den drei wertvollen Skulpturen ein Brunnen mit Fontäne, eine große, halbrunde Sitzbank, eine sogenannte Exedra, aus rotem Granit, die Denkmalsockel und Denkmäler mit Sockelreliefs und gusseisernen Einfassungen, eine entsprechende Beleuchtung und nicht zuletzt das mehrfarbige, ornamentierte Mosaikpflaster sowie die schon bei Lenné nachgewiesenen vier Platanen und die für das Biedermeier typischen Strauchkastanien.

Unter den Linden

Die Anfänge der Straße Unter den Linden lassen sich bis in das 16. Jahrhundert zurückverfolgen. Schon seit 1573 führte ein Reit- und Jagdweg vom Schloss der Hohenzollern über die sogenannte Hundebrücke bis in den Tiergarten. Am Ende des Dreißigjährigen Krieges ließ Kurfürst Friedrich Wilhelm (1620–1688), wohl auf Anregung seines Statthalters Johann Moritz von Nassau-Siegen (1604–1679) in Kleve, wo sich der Kurfürst ab 1646 mit seiner jungen Frau Louise Henriette von Nassau-Oranien (1627–1667) aufhielt, und wo er nach holländischen Vorbildern gepflanzte großartige landschaftsverschönernde Alleepflanzungen studieren konnte, am 16. April 1647 den Befehl zur »Pflanzung der Nuß- und Lindenbeume zur Anrichtung einer Gallerie von der Hundebrücke biß an den Thiergarten« ergehen.

Unter Leitung seines Lustgärtners Michael Hanff wurden dann sechs Reihen Laubbäume, vor allem die später namensgebenden Linden, aber auch Nussbäume und weitere, in den kurfürstlichen Wäldern um Berlin herum ausgegrabene junge Bäume gepflanzt. Zur Zeit der Erstanlage reichte diese Allee, in der Anfangszeit auch »Lindenplantage« genannt, von der Hundebrücke an der Spree bis zur heutigen Schadowstraße. Erst als der Kurfürst den Baumeister und Ingenieur Johann Gregor Memhardt (1607–1678) beauftragte, die Befestigung Berlins zu planen und auszuführen, was schließlich in den Jahren 1658–1682 geschah, wurde der zwischen Spree und heutigem Friedrich-II.-Denkmal befindliche Alleeabschnitt vollständig entfernt und ist auch nach Schleifung der Befestigungsanlagen unter Friedrich Wilhelm I. (1688–1740) nach 1730 nicht wieder neu aufgepflanzt worden.

Nördlich der Linden kam es noch zu Lebzeiten des Großen Kurfürsten ab 1674 zur Anlage der Dorotheenstadt, in deren Gefolge es unter anderem zur Grundsteinlegung des Zeughauses kam, dessen Fertigstellung sich allerdings bis 1730 hinzog. Unter König Friedrich Wilhelm I. wurde die Straße Unter den Linden im Zuge der Stadterweiterung und der Anlage der Wilhelmstraße bis zum so genannten »Quarreé«, dem heutigen Pariser Platz, verlängert. Das 1734 neu errichtete Stadttor, Vorläufer des heutigen Brandenburger Tores, bildet die Stadtgrenze. Schon im 18. Jahrhundert entwickelte sich die Ausgestaltung der Linden – nicht zuletzt auch als höfische Verbindungsstraße ab 1695 zum neu erbauten Sommersitz der Königin Sophie Charlotte in Lietzenburg – zur barocken Prachtstraße der Preußischen Könige. Seine großartige Vollendung sollte die Straße unter Friedrich Wilhelm II. (1744–1797) durch die von Carl Gotthard Langhans (1732–1808) zwischen 1789–1791 errichtete monumentale klassizistische Toranlage nach Vorbild der Propylaen der Akropolis in Athen erlangen.

Mit dem Brandenburger Tor im Westen und dem am östlichen Ende der Linden unter König Friedrich II. (1712–1786) angelegten Forum Fridericianum entwickelten sich die Linden schließlich zur »Via triumphalis« Preußens und damit zum Schauplatz von Militärparaden nach gewonnenen Kriegen, aber auch zur führenden Geschäfts- und Vergnügungsstraße der Hauptstadt des 1871 neu gegründeten deutschen Kaiserreiches.

In den 1920er Jahren entwickelten sich die Linden noch mehr zur Bühne des geschäftlichen und gesellschaftlichen Lebens. Gastronomie und Hotels verhalfen der Promenade zu immer stärkerem internationalem Zuschnitt.

Unter den Linden

Bei der Umgestaltung der Linden zu den Olympischen Spielen 1936 als Feststraße knüpfte man an die Tradition der preußischen »Via triumphalis« an, die Karl Friedrich Schinkel 1814 mit der Ausschmückung der Straße zum Wiedereinzug der siegreichen preußischen Truppen nach dem Sieg über Napoleon begründet hatte. Gleichzeitig waren auch praktische Ziele wie steigender Fahrzeugverkehr und Massenveranstaltungen ausschlaggebend. Man entschloss sich zu einer Totalabholzung und einer einheitlichen Neubepflanzung der vier Baumreihen mit Tilia tomentosa, der Silberlinde. Diese noch sehr jungen Bäume fielen schließlich in der Endphase der Schlacht um Berlin im April 1945 den Granaten zum Opfer. Anlässlich des 300-jährigen Jubiläums der 1647 erstmalig angepflanzten Linden gelang es dem Naturschutz- und Grünflächenamt Berlin-Mitte schon im Jahr 1947, den Straßenzug komplett neu zu bepflanzen.

Nach dem Mauerbau entstanden bis in die Mitte der 1960er Jahre wiederum zahlreiche neue Gebäude wie die polnische, die russische oder die ungarische Botschaft. Leider baute man auch die Mittelpromenade und die Bürgersteige komplett um, ohne jedoch das Querschnittprofil von 1936 anzutasten. Die zentrale Mittelpromenade erhielt nunmehr einen acht Meter breiten Betonplattenstreifen, womit die über 300 Jahre alte Tradition einer Promenade mit wassergebundener Decke zu Ende ging.

Ein 1992 im Auftrag der Senatsbauverwaltung und in enger Abstimmung mit der Bau- und Gartendenkmalpflege erarbeitetes Gutachten stellte nach der Wende die Grundlage für den Denkmalpflegeplan und die abschnittsweise Instandsetzung des wohl wertvollsten städtebaulichen Bereichs von Berlin zwischen Pariser Platz und Schlossbrücke dar.

Die Reparatur der Lindenachse, Pariser Platz und Lindenforum eingeschlossen, wurde 1992 begonnen und seither schrittweise umgesetzt. Als erstes Projekt rekonstruierte die Gartendenkmalpflege 1992 nach gartenarchäologischen Grabungen die 1880 gartenkünstlerisch gestalteten klassischen Brunnenparterres des Pariser Platzes. In Vorbereitung zur 350-Jahr-Feier der Linden renovierte sie Mitte der 1990er Jahre erste Teilbereiche der Promenade nach gartendenkmalpflegerischen Gesichtspunkten. Schließlich konnte das wertvolle Bronzedenkmal von Friedrich II. im Jahr 2000 wieder aufgestellt und die vom Architekten Johann Heinrich Strack (1805–1880) stammende Schmuckpflasterung, das historische Schutz-und Schmuckgitter sowie vier historische Gaslaternen um das Denkmal neuerlich errichtet werden, bevor am 3. Oktober 2002 das restaurierte Brandenburger Tor enthüllt wurde.

Zietenplatz

Der gemäß Friedrichstadtplan von Philipp Gerlach 1732 angelegte Wilhelmplatz war lange Zeit Markt- und Exerzierfeld. Erst im 19. Jahrhundert sollte Karl Friedrich Schinkel 1828 einen nicht ausgeführten Verschönerungsplan vorlegen. Zu einer gärtnerischen Gestaltung kam es erst 1844/45 nach Plänen von Friedrich August Stüler (1800–1856) und namentlich Peter Joseph Lenné. 1849 wurde die östlich an den Wilhelmplatz anschließende Straßenerweiterung, auf die die Statue des von Johann Gottfried Schadow (1764–1850) geschaffenen berühmten Reitergenerals Hans-Joachim von Zieten (1699–1786) schaut, nach diesem Zietenplatz benannt.

Schon im 18. Jahrhundert wurden auf dem damals noch unbegrünten Wilhelmplatz von 1769 bis 1794 fünf Denkmäler von Feldherren aufgestellt. Es handelte sich um das 1769 aufgestellte Marmorstandbild des Generalfeldmarschalls Kurt Christoph Graf von Schwerin (1684–1757), geschaffen von Balthasar Adam (1710–1761) und Sigisbert Michel (1728–1811), und das 1777 für den Generalleutnant Hans Karl von Winterfeldt (1707–1757) von den Bildhauern Johann David (1729–1783) und Lorenz Wilhelm Räntz (1733–1776) geschaffene Denkmal.

Von dem Bildhauer Jean Pierre Antoine Tassaert (1727–1788) stammen das 1781 enthüllte Standbild des Generals der Kavallerie Friedrich Wilhelm von Seydlitz (1721–1773) und das 1786 errichtete Standbild des Generalfeldmarschalls Jakob von Keith (1696–1758). Als letztes Standbild wurde dann noch 1828 das von seinem Standort im Lustgarten zum Wilhelmplatz hin versetzte, auch von Schadow stammende Standbild des Generalfeldmarschalls Fürst Leopold von Anhalt-Dessau (1676–1747) am Wilhelmplatz aufgestellt.

1862 wurden die sehr geschätzten, jedoch inzwischen in ihrer Marmorsubstanz gefährdeten Standbilder durch Bronzekopien ersetzt und die Originale in das Bode-Museum verbracht, wo sie noch heute an prominenter Stelle stehen. Die bronzenen Generäle Friedrichs II. überlebten das Inferno des Zweiten Weltkrieges in einem Depot, an eine Rückkehr nach dem Krieg auf den Wilhelmplatz war durch die in den 1980er Jahren erfolgte Bebauung des Wilhelmplatzes nicht mehr zu denken. Zum Glück konnte der erhaltene kleine, bis zur Wilhelmstraße reichende, aber ziemlich verwahrloste Zietenplatz nach der Wende als Doppelplatzanlage vollständig neu instandgesetzt werden. Im Jahr 2007 erfolgte dies im Rahmen der Entwicklungsmaßnahme »Hauptstadt Berlin – Parlaments- und Regierungsviertel«, im Sinne einer kritischen Rekonstruktion nach Plänen des Gartenarchitekten Reinhald Eckert und unter Beachtung der von Hermann Mächtig stammenden Erstanlage von 1907.

Zugleich gelang es dank des hohen, auch finanziellen Engagements der Schadow Gesellschaft Berlin e.V. und privater Spender sowie in enger Zusammenarbeit mit der Gartendenkmalpflege die im Depot des Landesdenkmalamtes lagernden sechs bronzenen, von berühmten Berliner Bildhauern geschaffenen Generalsstandbilder seit 2003 Schritt für Schritt alle wieder aufzustellen, nun zwar nicht mehr am Wilhelmplatz, aber auf seinem Platzappendix, dem kleinen Zietenplatz. Mit der 2009 abgeschlossenen, unbedingt mutigen Wiederaufstellung eines hochbedeutenden Berliner Denkmalensembles der Berliner Bildhauerschule des ausgehenden 18. und frühen 19. Jahrhunderts, das schon seit dem 18. Jahrhundert das Berliner Stadtbild prägte, kehrte nun wieder ein Stück preußisch-deutscher Geschichte in das öffentliche Bewusstsein zurück.

Zietenplatz

Englischer Garten

In dem ab 1787 für Prinz Ferdinand von Preußen geschaffenen Schlossgarten von Bellevue gab es in den Jahren nach dem Zweiten Weltkrieg nicht nur eine vermögensmäßige Neuaufteilung mit der Schaffung von nunmehr zwei Parkanlagen, sondern, damit verbunden, auch eine getrennte gartenkünstlerische Entwicklung.

In Vorbereitung der 1959 vollzogenen Aussonderung des »Präsidentenparks« vom Land Berlin an den Bund wurde der Garten- und Landschaftsarchitekt Reinhard Besserer (1907–1976) 1958 durch die Bundesbaudirektion beauftragt, unter Berücksichtigung überlieferter gartenhistorischer Strukturen des alten Schlossparks einen »neuen« Schlosspark Bellevue zu entwerfen.

Abgetrennt von diesem historischen Park, nunmehr der Park des Bundespräsidenten, kam es in dem beim Land Berlin verbliebenen Teilbereich des ursprünglichen Schlossgartens Bellevue, später dann Tiergartengelände, schon in den Jahren 1951/52 zur Anlage des Englischen Gartens auf altem Bellevuegelände. Mit den Entwurfsarbeiten zur Neuanlage wurde der Gartendirektor der Tiergartenverwaltung Willy Alverdes (1896–1980) beauftragt, der die Entwürfe fertigte, an denen im übrigen auch noch I. Thrower, Gartendirektor der Stadt Shrewsbury/England beteiligt war.

Für das Gelände des neuen Parks spielten einige Standortvorteile ohne Zweifel eine wichtige Rolle, es waren einerseits die zahlreichen, hier noch erhaltenen wertvollen Buchen des Schlossparks Bellevue, aber auch eine ebenfalls noch aus dem alten Schlosspark herrührende bemerkenswerte Topographie mit einer immerhin zwei Meter tiefen Senke, die dann den Teich mit den beiden Inseln aufnahm, aber auch die gute Erreichbarkeit durch den nahe gelegenen S-Bahnhof Bellevue.

In Verfolgung des Parkkonzeptes von Alverdes gliedert sich der Englische Garten in fünf Themen: einen Naturgarten, einschließlich Teich mit Inseln und dazugehörenden Uferpartien, einen Steingarten mit Rhododendronpflanzung, sowie nach englischem Vorbild einen sog. formal-garden und die das Parkhaus umgebende großzügige Terrassenanlage.

Dass es auch in Rücksichtnahme auf die Briten zu gewissen Kompromissen kam, macht nicht zuletzt die Anlage eines in der Region Berlin-Brandenburg ganz ungewöhnlichen Steingartens deutlich, eines Gartentyps, den die Engländer sehr schätzen, wie auch die Anlage des genannten »formal-gardens« vor dem Parkhaus.

Das Parkhaus mit seinem markanten Schilfdach ist bis heute der kulturelle Mittelpunkt des Englischen Gartens, woran nicht zuletzt die sommerlichen Konzerte erinnern.

Auch im Englischen Garten kam es durch alters- und pflegebedingte Abnutzungserscheinungen und Erosionen zu ganz erheblichen Eingriffen und Veränderungen, zum Teil wurden darüber hinaus Wege asphaltiert und es kam zum Einbau von Bahnschwellen und zu Nachpflanzungen an falschen Stellen, was dann letztendlich das sehr fragile gartenkünstlerische Gesicht des Englischen Gartens zunehmend negativ beeinträchtigte.

Die Berliner Gartendenkmalpflege hat daher gerne die Chance einer gartendenkmalpflegerischen Grundinstandsetzung in den Jahren 1996–1998 genutzt. Die Chance hierzu ergab sich durch die Bereitstellung finanzieller Mittel aus den sog. »Ausgleichs- und Ersatzmaßnahmen« nach Berliner Naturschutzgesetz, die im Zusammenhang mit der Errichtung des Bundespräsidialamts im denkmalgeschützten Schlosspark Bellevue bereitgestellt wurden.

Englischer Garten

Großer Tiergarten

Unter Kurfürst Joachim I. Nestor (1484–1535) wird der Tiergarten 1530 erstmals urkundlich erwähnt. Der so genannte »Alte Thiergarten«, die eigentliche Keimzelle der Anlage, befand sich damals in der Gegend des heutigen Großen Sterns. Kurfürst Friedrich Wilhelm ließ noch nach dem Dreißigjährigen Krieg den Zaun um den Tiergarten erneuern, Eichen nachpflanzen und Wild aussetzen.

Auf einer topografischen Karte des Festungsbaumeisters Johann Gregor Memhardt (1607–1678) finden wir aus jener Zeit erstmals einen unmittelbar in den Tiergarten führenden und das Ende der Straße Unter den Linden mit der Spree verbindenden Weg mit der Bezeichnung »Allee«. Es ist die spätere Zeltenallee, der vermutlich älteste systematisch bepflanzte Weg innerhalb des Tiergartens. Außerdem sind auf diesem Plan aus dem Jahr 1656 auch schon die den Tiergarten nordsüdlich querende »Kleine Querallee« sowie die spätere »Große Querallee« verzeichnet.

Mit der Schenkung des Dorfes Lietzow durch Kurfürst Friedrich III. an seine Gemahlin, Sophie Charlotte (1668–1705), begann die Gestaltung des Tiergartens als integraler Bestandteil der sich entwickelnden Residenzstadt. Mit dem Bau des Schlosses Lietzow kam es im Übrigen zum ersten systematischen Ausbau der seitdem für den Tiergarten charakteristischen, 60 Fuß breiten Ost-West-Achse, einhergehend mit einem sukzessiven Wandel des Jagdreviers zum »Lustwald«.

Friedrich Wilhelm I. (1688–1740) nachweislich ein Jagdliebhaber, ließ zwar kurz nach seiner Thronbesteigung den Staketenzaun um den Tiergarten noch einmal ausbessern, aber schon 1718 verfügte der bekanntermaßen äußerst sparsame König *»Sol nichts gemachet werden, sol kein tirgarten mehr sein«*. Dieser Befehl bedeutete das endgültige Aus für das Jagdrevier.

Schon kurz nach der Thronbesteigung Friedrichs II. (1712–1786) im Jahr 1740 erhielt Georg Wenzeslaus von Knobelsdorff (1699–1753) die Order zur Neuanlage und Umwandlung des Tiergartens in eine Schmuckanlage, einen sogenannten »Lustwald«.

Zu Knobelsdorffs bemerkenswerten Leistungen gehört, dass er das Herzstück des Parks, den Großen Stern, durch Hecken fassen und die schon früher gepflanzten, den Platz rahmenden Eichen verdoppeln ließ. Barockem Gestaltungswillen entsprechend wurden sechzehn Sandsteinskulpturen platziert, antike Götter darstellend, im Berliner Volksmund bald »die Puppen« genannt. Der Ausdruck »bis in die Puppen« stammt von dem weiten Weg in den Tiergarten hinein bis zu diesen Skulpturen. Weitere Skulpturen wurden an ausgewählten Plätzen aufgestellt, so vor dem Brandenburger Tor 1765 zwei Kolossalfiguren, Apoll und Herkules.

Besonderes Augenmerk lenkte Knobelsdorff auf die Alleen des Tiergartens. Er vervollständigte die nach Südosten auf das Anwesen des Obersten von Kleist ausgerichtete Allee, die erst »Kleistens Allee«, später »Große Sternallee« hieß, kümmerte sich aber auch um die Fasanerie- sowie um die Hofjägerallee.

1792, während der Regentschaft Friedrich Wilhelm II. (1744–1797), wurde der erste Teil des Tiergartens, die Partie zwischen Kleistens Allee und Kleiner Sternallee, im neu aufgekommenen und sich von England aus verbreitenden landschaftlichen Gartenstil von Hofgärtner Justus Ehrenreich Sello (1758–1818) gestaltet. Eine besonders reizvoll gelegene Insel erhielt durch die Errichtung einer

Löwenbrücke

Säule mit bekrönender Vase den Namen »Rousseau-Insel«.

Der Tiergarten im 19. Jahrhundert

Zum Hauptprotagonisten des Landschaftsgartens im 19. Jahrhundert wurde Peter Joseph Lenné. Die im Auftrag Friedrich Wilhelms III. (1770–1840) schon vor 1820 begonnenen ersten Umgestaltungs- und Neuordnungspläne Lennés für den Tiergarten setzte dieser dann in acht Abschnitten in den Jahren 1832 bis 1838 um.

Lenné ließ auch manche der inzwischen schon verfallenen Skulpturen im Park erneuern. So wurde unter anderem die zerstörte Sandsteinskulptur der Venus am gleichnamigen Bassin 1841 durch eine Statue der »Venus von Capua« aus Zinkguss erneuert. Die Plastik der Flora im Florasalon wurde lediglich instand gesetzt, aber auch neue Skulpturen, wie das 1849 errichtete Marmordenkmal für König Friedrich Wilhelm III. von Johann Friedrich Drake (1805–1882) in der Nähe der Louiseninsel, wurden aufgestellt. Neu hinzu kamen Elemente wie die Löwenbrücke mit denen von Christian Friedrich Tieck (1776–1851) entworfenen und bei Borsig gegossenen Tierplastiken.

Erst nach dem Tod Peter Joseph Lennés 1866 war es dem Hofgarteninspektor Eduard Neide (1818–1883), seit 1867 Königlicher Tiergartendirektor, vergönnt, dem im Einflussbereich des Brandenburger Tores liegenden östlichen Tiergarten ein neues Gesicht zu geben. Ausgehend von der zwischen 1869 und 1873 erfolgten Errichtung der von Oberhofbaurat Johann Heinrich Strack (1805–1880) entworfenen Siegessäule auf dem Königsplatz legte Neide einen streng geometrisch gehaltenen Entwurf für das Umfeld des Monuments vor, der 1876 realisiert wurde.

Schon unter Kaiser Wilhelm I. waren zahlreiche Denkmäler im Tiergarten aufgestellt worden, so beispielsweise um 1882 vier Sandsteingruppen,

Luiseninsel

Oder und Rhein, Weichsel und Elbe darstellend, und 1888 ein Bassin mit Marmor-Triton auf dem Großfürstenplatz, außerdem der Rolandbrunnen von Otto Lessing (1846–1912) am Kemperplatz. Ebenfalls 1880 erhielt das auf Erdmann Encke (1843–1896) zurückgehende Denkmal der Königin Luise seinen Standort in direkter Blickbeziehung zu dem schon seit 1849 für ihren Gemahl Friedrich Wilhelm III. aufgestellten, von Drake aus Marmor gearbeitetem Denkmal. 1890 schuf Otto Lessing für seinen Urgroßonkel, Gotthold Ephraim Lessing, ein Marmordenkmal, das als herausragendes Beispiel des Historismus gilt. Am Goldfischteich wurde unter Entfernung der Zinkguss-Venus 1904 das bei Berlinern als »Musikerofen« bespöttelte und von Rudolf Siemering (1835–1905) gearbeitete, zehn Meter hohe Marmordenkmal für Beethoven, Haydn und Mozart errichtet. Weitere Künstlerdenkmale folgten, so das seit 1903 dicht an der Tiergartenstraße stehende, von Gustav Eberlein (1847–1926) in Marmor gemeißelte für Richard Wagner; durch Bildhauerarbeiten gewürdigt werden im Tiergarten gleichfalls Albert Lortzing und Theodor Fontane. Ebenfalls 1880 wurde am östlichen Tiergartenrand das monumentale Goethe-Denkmal von Fritz Schaper (1841–1919) enthüllt, fast in Sichtweite zu der 1872–1874 von Wilhelm Wolff geschaffenen und 1878 aufgestellten Löwengruppe aus Bronze.

1904 kam im Tiergarten als weiterer Skulpturenschmuck das Ensemble des »Hubertus-Brunnens« von Cuno v. Uechtritz am Bellevuepark mit Blick zum Großen Stern hinzu, sowie vier Jagdgruppen, aufgestellt jeweils beiderseits der Charlottenburger Chaussee: Altgermanische Büffeljagd von Fritz Schaper, Eberjagd von Karl Begas, Hasenhetze von Max Baumbach und Fuchsjagd von Wilhelm Haverkamp, nachdem ebenfalls 1904 acht Tierplastiken von Rudolf Siemering um den »Floraplatz« herum errichtet worden waren.

Wilhelm II. selbst regte eine Hinwendung zum Neoklassizismus an. Zu diesen Themenkreis gehören zum Beispiel das 1906 am Südende der Platanenallee – auf einer kleinen Insel – aufgestellte Denkmal »Der Sieger« von Wilhelm Wandschneider (1866–1942) sowie namentlich die von Louis Tuaillon (1862–1919) geschaffene »Amazone zu Pferde«, die 1906 auf dem Floraplatz errichtet wurde, eine vergrößerte Nachbildung der vor der Alten Nationalgalerie aufgestellten Reiterfigur. Im 1909 von Tiergartendirektor Felix Freudemann (1859–1912) angelegten Rosengarten bekam eine von Karl Begas geschaffene Marmorstatue der Kaiserin Auguste Viktoria ihren Platz.

Der Tiergarten nach 1918

War der Große Tiergarten maßgeblich auf Initiative der Hohenzollern entstanden, erweitert und verändert worden, so bedeutet das Ende der Monarchie eine politische Zäsur, die auch für den inmitten einer nun zur pulsierenden Metropole avancierten Stadt liegenden Tiergarten Konsequenzen hatte. Notjahre während und nach dem Ersten Weltkrieg ließen keine gestalterischen Veränderungen zu. Die in Jahrhunderten entwickelte Struktur des Tiergartens wurde erst in den 1930er Jahren wieder einschneidend verändert. Schon 1936 begannen rücksichtslose Eingriffe in den historisch gewachsenen Baumbestand, der Abriss des Viktoriaviertels am Kemperplatz und des Alsenviertels im Spreebogen. Um die Siegesallee als Triumphstraße ausbauen zu können, die zur »Großen Halle« führen sollte – einem monströsen Kuppelbau mit 250 Metern Durchmesser und ei-

Haydn-Mozart-Beethoven-Denkmal

ner Höhe von 220 Metern – demontierte man alle Skulpturengruppen, einschließlich der jeweils dazugehörenden Marmorexedren, und stellte sie noch vor Kriegsbeginn an der Großen Sternallee auf. Wegen der Umgestaltung des Großen Sterns mussten die dort befindlichen Skulpturen, der Hubertus-Brunnen und die Jagdgruppen, weichen, wobei der Hubertus-Brunnen eingeschmolzen wurde und die Jagdgruppen in die Fasanerieallee kamen.

Unweit des Brandenburger Tors wurde unmittelbar nach Kriegsende das Sowjetische Ehrenmal errichtet, das zugleich letzte Ruhestätte von 2.500 gefallenen Soldaten wurde.

Ein Neubeginn für den Tiergarten ergab sich schließlich am 17. März 1949 mit der symbolischen Pflanzung der ersten Linde in der Hofjägerallee durch den Regierenden Bürgermeister Ernst Reuter. Tiergartendirektor Willy Alverdes (1896–1980) konnte dann in den Jahren 1954 – 1961 einen naturnahen, mit einheimischen Gehölzen und offenen Wiesen ausgestatteten landschaftlichen Erholungspark neu anlegen.

Durch den Bau der Mauer am 13. August 1961 verlor der Tiergarten seine zentrale Lage und rückte räumlich an die Peripherie der geteilten Stadt. Darüber hinaus setzte der Bau der notwendig gewordenen Entlastungsstraße der »grünen Insel« zu. Es wurde deutlich, dass es mangels eines langfristigen Entwicklungskonzeptes, das neben ökologischen und städtebaulichen vor allem gartenkünstlerische Aspekte hätte verbindlich vorgeben müssen, zu gravierenden Fehlentwicklungen kam, mit dem Ergebnis, dass der bis in die 1950er Jahre unter höchstem Anspruch entwickelte und gepflegte Tiergarten allmählich seine Einzigartigkeit und Gestaltqualität zu verlieren drohte. Dieser Umstand veranlasste die Gartendenkmalpflege 1984, ein Parkpflegewerk in Auftrag zu geben.

Seit 1986 konnte durch kontinuierlichen gartendenkmalpflegerischen Einsatz die Instandsetzung der Lennéschen Wasserpartien, der zahlreichen gartenkünstlerischen Denkmalbereiche und Sondergärten und des Alleensystems vorangetrieben sowie die vielfältigen Platzstrukturen samt skulpturaler Ausstattung bearbeitet werden. Zu den herausragenden Leistungen gehören vor allem die Restaurierung des Englischen Gartens und der Luiseninsel mit ihrem benachbarten Denkmalbereich für Friedrich Wilhelm III., die Instandsetzung des Großfürstenplatzes, der Rousseauinsel mit dem von Günter Anlauf neu gestalteten Rousseau-Denkmal, wie auch das Lessing- und das Goethe-Denkmal mit ihrer schmuckgärtnerischen Umgebung sowie in jüngster Zeit die im Gefolge der Generalsanierung und Restaurierung des Komponistendenkmals erfolgte Rekonstruktion des Knobelsdorffschen Venusbassins in der von Lenné geschaffenen Form.

Im besten Zustand präsentiert sich nicht nur die umfassend instandgesetzte Friedens- und Fasanerieallee, oder der 1992 vollständig neuaufgepflanzte »Lennésche Baumsaal«, eine vierreihige Lindenallee am östlichen Rand des Tiergartens, sondern auch die alleemäßige Wiederaufpflanzung entlang der Straße des 17. Juni im Abschnitt Entlastungsstraße – Großer Stern. Besonders an dieser Stelle hat man den Eindruck, dass der jahrzehntelang förmlich auseinandergerissene Tiergarten in angemessener Weise wieder zusammengeführt worden ist, aber insgesamt auch in seiner eminenten gartenhistorischen Bedeutung als Gartendenkmal von nationaler Bedeutung erhalten und gestärkt werden konnte.

Schlossgarten Bellevue

Prinz August Ferdinand von Preußen (1730–1813), der jüngste Bruder Friedrich II., ließ sich 1785 von Michael Philipp Daniel Boumann d. J. (1747–1803) das dreiflügelige Schloss Bellevue unmittelbar an der Spree erbauen.

Das um einen Ehrenhof gruppierte repräsentative Bauwerk schloss zu der aus dem Tiergarten kommenden Allee hin mit einem »Aha« ab, einem Graben, so dass sich das in der frühlandschaftlichen Phase errichtete Schloss nicht zum Tiergarten hin abriegelte, sondern diesen großen Park optisch von Anfang an in den Schlossbezirk mit einbezog. Das erste klassizistische Schloss in Preußen nahm sich im übrigen das 1769–1773 von Friedrich Wilhelm von Erdmannsdorff (1736–1800) nach englischen Vorbildern erbaute Schloss Wörlitz zum Vorbild.

Prinz Ferdinand, der sich schon in seinem Besitz Friedrichsfelde mit der Umwandlung eines barocken in einen landschaftlichen Garten befasst hatte, war es, der sich verständlicherweise auch in seiner neuen »Residenz«, der alten Knobelsdorffschen Meierei im Tiergarten, ebenfalls intensiv mit der Anlage seines neuen »Lustgartens« beschäftigte.

Zugleich erweiterte Prinz Ferdinand durch wiederholte Ankäufe kontinuierlich den Garten von Bellevue bis in die 1790er Jahre und vergrößerte damit seine Park-Fläche auf immerhin etwa 80 Morgen. Ungeklärt ist bis heute, wer den Garten-Entwurf gefertigt hat.

Von Anfang an war Bellevue, so wie es schon seit alters her in goldenen Lettern auf dem Mittelrisalit des Schlosses zu lesen ist, vor allem durch weite Aussichten bevorzugt.

Zum frühromantisch-sentimentalen Park von Bellevue gehörten in jener Zeit zahlreiche »empfindliche« Gartengebäude – eingeschlossen zehn dekorative Brücken über diverse Wasserläufe. Es gab auch einen Chinesischen Parasol, ein Cabinet Othaitien auf einem künstlichen Hügel, ein Gotisches und ein Schweizer Haus, einen Geflügelhof mit Taubenhaus, zahlreiche Gedenksteine und Borkenhäuser sowie die 1801 nach dem Entwurf von Friedrich Gilly entworfene Meierei.

Graf Lehndorff, eng befreundet mit der prinzlichen Familie, nannte Bellevue den schönsten Garten des Landes. Dieses sollte sich auch in der Zeit von Prinz August nicht ändern, der Schloss und Park nicht nur vorzüglich unterhielt, sondern 1824 auch die Orangerie und 1825 den Gartensalon durch Karl-Friedrich Schinkel errichten ließ. Die Vielzahl der in der Regel sehr zerbrechlichen sentimentalen Parkbauten seines Vaters, aus der Frühzeit Bellevues, sollte jedoch nach und nach verschwinden. Lenné, der von Prinz August wiederholt zu Entwürfen aufgefordert wurde, hat dann auch sehr schöne, im Landesarchiv Berlin aufbewahrte Pläne gezeichnet, ist jedoch erstaunlicherweise nie in Bellevue tätig geworden.

Unter der Leitung des Bellevue-Hofgärtners August Brasch (1781–1842) konnte der hohe Pflegestandard und die luxuriöse Ausstattung des als »Mustergarten« bezeichneten Schlossgartens von Bellevue bis zum Tode des Prinzen August bewahrt werden. Erst nach seinem Tod verlor dieser im Biedermeier in größter Blüte stehende Berliner Garten eines königlichen Prinzen seinen ersten Rang in Preußen.

Trotz fortschreitender Vereinfachungen ist Bellevue auch nach dem Ende der Monarchie ein »intimes Kleinod« geblieben, das sich noch immer deutlich vom Großen Tiergarten unterschied. Die Nachkriegsjahre mit der 1951 getroffenen Ent-

Schloss Bellevue, Gartenseite

scheidung, mit britischen Spenden im Westteil des alten Schlossgartens von Bellevue den sog. Englischen Garten zu errichten und das Gebäude des ehemaligen Stallhofes als Privatgarten des Bundespräsidenten anzulegen, führten zu einer Dreiteilung des historischen Schlossgartens.

Sowohl Willy Alverdes (1896–1980) als auch Reinhard Besserer (1907–1976), der Schöpfer des Präsidialgartens, haben hier in den 1950er Jahren gestalterische Spuren hinterlassen. Vor allem hat Besserer von den fünf Fächerachsen drei beibehalten. Heute stellt der Schlosspark von Bellevue ein im Laufe von zweihundert Jahren gewachsenes Gartenkunstwerk dar, das sowohl noch Elemente aus der Entstehungszeit, das heißt Sichtenfächer und Reste der einstig reichen skulpturalen Ausstattung, als auch moderne Gestaltungen aus den fünfziger Jahren aufweist, dazu Bildwerke aus jüngster Zeit wie die von Ulrich Beier stammende und 1974 aufgestellte zweiteilige Skulptur »Zwei sich wandelnde Vasen«, oder die von Fritz König geschaffene Bronzestatue »Große Flora II.«, seit 1995 am Teich.

Durch die Entscheidung des Parlaments, Berlin nach dem Mauerfall wieder zur Hauptstadt zu machen, ergaben sich für Schloss Bellevue als nun offiziellem Dienstsitz des Bundespräsidenten andere Erfordernisse, das heißt ein erhöhter Raumbedarf für den Mitarbeiterstab. In einem 1994 ausgelobten internationalen Wettbewerb für einen ergänzenden Neubau errangen die Architekten Martin Gruber und Helmut Kleine-Kranenburg den ersten Preis. Sie entwarfen das auf elliptischem Grundriss angelegte Bundespräsidialamt, das sich mit seiner unprätentiösen Schlichtheit behutsam in den Altbaumbestand des Tiergartens einfügt.

Die aus Sicherheitsgründen notwendige Setzung einer hohen Mauer zur Spree hin konnte leider nicht verhindert werden, auch nicht die vollständige Pflasterung eines »Aufstellbereiches« für die Ehrenkompagnie vor der Terrasse des Schlosses. Jedoch konnte dafür das »Aha-Erlebnis« am Rande des Ehrenhofes trotz Setzung eines zusätzlichen, die Sicht jedoch nicht behindernden Zaunes weitgehend gewahrt werden.

Präsidentengarten

Schillerpark

Der Schillerpark in Wedding war der erste Berliner Volkspark, der nicht mehr im herkömmlichen landschaftsgärtnerischen Stil gestaltet wurde, sondern reformorientierten und damit sozial und architektonisch bestimmten Vorgaben folgte. Zu den Bedingungen des 1907 ausgeschriebenen Wettbewerbes gehörte vor allem die Anlage eines 3,5 Hektar großen Rasenspielplatzes, der sogenannten Schülerwiese, und einer annähernd gleichgroßen Wiese zur allgemeinen Benutzung durch die Bürger, der sogenannten Bürgerwiese.

Aus den 105 eingereichten Entwürfen gewann der Magdeburger Gartenarchitekt Friedrich Bauer (1872–1937) den ersten Preis. Bestimmendes Element seines Entwurfes ist die Schillerterrasse im südöstlichen Teil des Parks, mit ihren beiden markanten offenen Ecktürmen aus bossiertem Rüdersdorfer Kalkstein sowie einem formalen Blumengarten und dem Baumhain auf der obersten Terrasse. Bauer selbst beschrieb als Vorzüge seines Entwurfes, »dass dieser Gelegenheit zum Spazierengehen in frischem Grün, zum Spiel, zur sportlichen Betätigung, zum Genusse – der häufig entbehrten Natur« biete. Auf dem insgesamt 25 Hektar großen Gelände plante er außer den verlangten Volkswiesen für Spiel und Sport noch ein großes Kinder-Planschbecken, Blumengärten, genügend große Gehölz- und Rasenflächen sowie eine Erfrischungshalle und den höher gelegenen sogenannten Schillerhain. Großen Wert legte Bauer auf die Verwendung einheimischer Baum- und Staudenarten, die er in seinen landschaftlichen Partien zu Hainen und waldartigen Gruppen zusammenfasste.

Der 1905 anstehende 100. Geburtstag von Friedrich Schiller gab den Anlass, auf einem Dünenrücken eine langgestreckte, in drei Teile gegliederte Terrasse anzulegen und auf dem Plateau den bis heute bestehenden sechsreihigen Kastanienhain anzupflanzen. Später, nämlich 1941, wurde dort auch das Schillerdenkmal errichtet, eine bronzene Kopie der 1875 von Reinhold Begas (1831–1911) für den Gendarmenmarkt geschaffenen Marmorstatue von Friedrich Schiller.

Schon kurz nach Fertigstellung des Schillerparks kam es auf Initiative der Park- und Kunstdeputation zur Aufstellung mehrerer Bildwerke. Die schon 1916 aufgestellte Flora des Bildhauers Hermann Engelhardt (1874–1915) im westlichen Rosenparterre wurde schon 1930 durch einen Oktogonalbrunnen ersetzt. Im Mittelpunkt des Blumengartens erfolgte 1920 die Errichtung der bronzenen »Ringkämpfergruppe« von Wilhelm Haverkamp (1864–1929), die jedoch 1941 in den Volkspark Rehberge versetzt wurde. Die in den 1930er Jahren errichteten Terrassenbrunnen mit Brunnenfigur gelten nach 1948 als verschollen.

1924 erfolgte schließlich die Errichtung der schon vor dem Ersten Weltkrieg geplanten Siedlung »Am Schillerpark« von dem Architekten Bruno Taut (1880–1938) und der »Schillerpark-Siedlung« von den Brüdern Bruno und Max Taut (1884–1967) sowie dem Architekten Franz Hoffmann (1884–1951). Dieses sogenannte »Englische Viertel« unterliegt seit 2008 als UNESCO Weltkulturerbe einem besonderen Schutz.

Auf Grundlage eines 2003 erstellten gartendenkmalpflegerischen Pflege- und Entwicklungskonzeptes konnten mit Hilfe eines vom Bund aufgelegten Welterbe-Förderprogrammes erhebliche Instandsetzungsmaßnahmen durchgeführt, das ehemalige Toilettenhäuschen an der Dubliner Straße saniert und in ein kleines Welterbe-Infozentrum verwandelt sowie die große Plansche wiederhergestellt werden.

Schillerpark

Volkspark Humboldthain

Nach der um 1850 erfolgten Fertigstellung des Volksparks Friedrichshain sollte es 15 Jahre dauern, bis die Stadtverordnetenversammlung im Jahr 1864 eine Magistratsvorlage beschloss, die die Anlage eines Nord- und eines Südparks vorsah, den späteren Humboldthain und den Treptower Park. Für beide Parks fertigte Gustav Meyer die Entwürfe. Der Humboldthain sollte nicht nur dem klassischen Spazierengehen im Freien dienen und eine benutzbare »Spielwiese« enthalten, sondern erstmalig auch volksbildnerische Aufgaben übernehmen. Er enthielt daher eine botanische Abteilung und eine pflanzenkundliche Lehrschau, die 1893 noch mit der bekannten Geologischen Wand ausgestattet wurde, die allerdings 1914, gemeinsam mit dem Gärtnereibetrieb und dem Vivarium, in den Hauptschulgarten nach Berlin-Blankenfelde verlegt wurden.

Der erste Spatenstich für den Humboldthain erfolgte am 14. September 1869, dem 100. Geburtstag von Alexander von Humboldt. Für die Ausführung der etwa sechs Jahre andauernden Arbeiten war die bekannte Firma Ludwig Späth tätig. Mit dem gleichberechtigten Nebeneinander von landschaftlichen und architektonischen Elementen begründete erstmalig konsequent der Humboldthain den Stadtpark-Typus der von Gustav Meyer entwickelten »Berliner Variante« des Volksparks.

Eine ganz zentrale Funktion sollte der hippodromförmige Spiel- und Sportplatz einnehmen, ein Platz, der aber auch weitere Funktionen wie z. B. Veranstaltungen oder Konzerte aufzunehmen hatte. Schon während des Ersten Weltkrieges und in den Nachkriegsjahren wurde die von Meyer geformte Gestaltung des Humboldthaines zerstört, lediglich die Gustav-Meyer-Allee erinnert noch immer an den einstigen Schöpfer des Parks.

Massive Beeinträchtigungen ergaben sich auch im Zweiten Weltkrieg, u. a. 1941/42 mit dem Einbau eines großen Flakturm-Paares im Park sowie eines Hochbunkers mit vier Ecktürmen. Die fast völlige Abholzung durch die frierende Bevölkerung nach dem Ende des Zweiten Weltkrieges tat ein übriges. Die bis 1951 andauernde Anschüttung von etwa einer Million Kubikmeter Trümmerschutt am nördlichen Hochbunker – auf der 85 Meter hohen Humboldthöhe befindet sich heute eine Aussichtsplattform – brachte in diesem Bereich naturgemäß erhebliche Veränderungen.

Erst das Gestaltungskonzept für den »Neuen Humboldthain« sollte schließlich 1950 die Grundlage für einen völligen Neuanfang bieten. Beide Trümmerberge wurden geschickt in das neue Relief und die Raumkomposition des Parks einbezogen, ein weites Wiesental schuf Raum für sportliche Betätigung, und in der Nordostecke des Parks wurde ein aus geometrischen Figuren frei gestalteter, mit einem berankten Laubengang begrenzter, bei der Bevölkerung sehr beliebter Rosengarten angelegt.

Unweit von der im Krieg zerstörten, dann aber wieder durch den namhaften Kirchenbau-Architekten Otto Bartning (1883–1959) neu aufgebauten Himmelfahrtskirche befindet sich heute das Humboldt-Denkmal von Karl Wenke (1911–1971). Durch eine bogenförmige Pergola gelangt man zum Fuß des begrünten Berges und sieht dort auf einem Rasenplatz die 1964 errichtete Bronzegruppe »Diana« (oder »Jagende Nymphe«), die 1927 vom Jugendstilkünstler Walter Schott (1861–1938) geschaffen wurde. Bemerkenswert ist auch ein Pavillon mit Kuppelgewölbe – in dem sich ein Glasmosaik mit Sternengewölbe von Gerhard Schultze-Seehof befindet – in unmittelbarer Nähe eines 1980/81 angelegten Wasser- und Lesegartens.

Rosengarten im Humboldthain

Arnimplatz

Der Arnimplatz ist wie viele Berliner Stadt- und Schmuckplätze des ausgehenden 19. und frühen 20. Jahrhunderts in dem 1862 von James Hobrecht (1825–1902) aufgestellten ersten perspektivischen Bebauungsplan für Berlin entwickelt worden.

Den eigentlichen Entwurf für den fast quadratischen, 140 × 150 Meter großen Platz hat dann der damalige Berliner Stadtgartendirektor Hermann Mächtig verfasst. Die klare symmetrische Platzgliederung fußt auf zwei diagonalen, sich im Platzzentrum kreuzenden, aus Eichen aufgepflanzten vierreihigen Alleen. Der im Platzzentrum gelegene kleine offene Rundplatz wurde hingegen aus Ahornbäumen und die Rahmung des Platzes aus Linden gebildet. Oval ausgebildete Schmuckbeete befanden sich lediglich an den vier Platzecken und im Platzzentrum.

Wenn auch der Arnimplatz noch dem Schmuckplatz-Charakter des 19. Jahrhunderts verhaftet ist, sah doch die Genehmigungsentscheidung der Stadtverordneten für den Mächtig'schen Entwurf aus dem Jahr 1905 schon Kinderspielmöglichkeiten vor. Der in den 1920er Jahren notwendig werdende Bau einer Netzstation für die Stromverteilung wurde dann auch zum Platzinneren als Spielplatz mit offener Halle und damit als Wetterschutz für Eltern und Kinder geplant und ausgeführt.

In den Nachkriegsjahren erfolgten zurückhaltende Neuanlagen durch Stauden- und Rosenpflanzungen und in den 1980er Jahren weitere Ergänzungen. Wenige Jahre nach der Wende konnte die Gartendenkmalpflege in enger Abstimmung mit dem bezirklichen Grünflächenamt im Jahr 1992 eine Dokumentation und ein gartendenkmalpflegerisch begründetes Wiederherstellungskonzept auf den Weg bringen.

Auf Grundlage dieses Konzeptes konnte dann schon Mitte der 1990er Jahre an substantielle Instandsetzungen gegangen werden, es wurden lückige Baumreihen ergänzt, die verwilderten Schmuckstrauch-Pflanzungen geordnet und verjüngt sowie die den Platz zierenden großen Schmuckbeete wiederhergestellt. Darüber hinaus konnten auch die schönen ockerfarbigen wassergebundenen Wege neu angelegt und die Spielplatzangebote grunderneuert werden.

Arnimplatz

Arnswalder Platz

Der Arnswalder Platz ist einer der wenigen wohnungsnahen Grün- und Erholungsräume im Prenzlauer Berg. Er hat durch seine bauplastisch-künstlerische Ausstattung zugleich eine überregionale Bedeutung. Wie viele andere ältere Plätze Berlins schon im Hobrecht-Plan von 1858–1862 vorgegeben, erfolgte eine gartenkünstlerische Gestaltung jedoch erst relativ spät, und zwar 1904–1910, in den Formen der damals schon überholten landschaftlichen Gartenkunst.

Seine heutige, ungemein ansprechende Form sollte der Arnswalder Platz erst 1933/34 durch Stadtbaudirektor Richard Ermisch (1885–1960) erhalten, der den ganzen Platz völlig neu gestaltete. Zum überragenden Platz-Mittelpunkt bestimmte er den von Hugo Lederer (1871–1940) schon 1927 geschaffenen Stier- bzw. Fruchtbarkeitsbrunnen. Der Brunnen sollte von nun an zentral im Mittelpunkt der auf den Platz zulaufenden und sich hier kreuzenden Straßen stehen, und seine Monumentalität noch steigernd auf einem Plateau platziert schon von weitem sichtbar sein. Zwei überlebensgroße Stiere aus rotem Rochlitzer Porphyr flankieren die im Zentrum der Anlage befindliche, mit acht Meter Durchmesser sehr große Schale, die damit das vom Bildhauer Christian Gottlieb Cantian (1794–1866) im Lustgarten geschaffene Schalen-Vorbild aus der Zeit des preußischen Klassizismus noch um fast drei Meter übertrifft.

Den gewaltigen Stierfiguren sind weitere Fruchtbarkeit symbolisierende Figurengruppen zugesellt. Klinkermauern und streng geschnittene Hecken unterstützen den architektonischen Anspruch des Platzes, verbinden sich aber auch harmonisch mit dem frei wachsenden Grün der alten Bäume.

Die schrittweise Sanierung und Restaurierung des Platzes seit 2002 beinhaltete nicht nur die Erneuerung der Spielplätze, sondern auch eine denkmalgerechte Ergänzung des Klinkermauerwerkes und damit einen Austausch des in Notjahren eingebrachten Betonmauerwerkes durch die ursprünglichen Wittmunder Torfbrandklinker. Selbstverständlich wurden lückige Alleen und Hecken durch Nachpflanzung wieder geschlossen und Staudenbeete überarbeitet. Die Brunnenanlage mit aufwendiger Wassertechnik wurde noch bis 2010 restauriert, um das historische Wasserbild minutiös wiederherzustellen.

Stierbrunnen auf dem Arnswalder Platz

Senefelder Platz

Die dreieckige Grundform des 2855 Quadratmeter großen Senefelder Platzes ist durch die Straßenführung der nach Norden führenden Schönhauser Allee, der nach Nordosten verlaufenden Kollwitz- sowie der Metzer Straße entstanden, die eine keilförmige Insel gebildet haben, deren Spitze nach Süden weist.

Auch wenn der spätere Senefelder Platz anfänglich noch nicht als öffentliche Platzfläche in der Abteilung XII. des Hobrecht'schen Bebauungsplanes ausgewiesen ist und lediglich eine Straßenkreuzung darstellte, kam es schließlich nach 1880 durch Abänderung des Bebauungsplanes zur planmäßigen Errichtung von Mietshäusern auch zu einer Verschiebung der Straßen im Bereich der heutigen Kollwitzstraße, in Folge dessen eine dreieckige Platzform entstand, ursprünglich Platz A, seit 1883 Thusnelda-Platz und ab 1896 schließlich Senefelder Platz benannt. Zu dieser Platzbenennung kam es, nachdem 1892 auf dem südlichen spitzen Winkel des kleinen Schmuckplatzes das vom Bilderhauer Rudolf Pohle aus weißem Marmor geschaffenen Denkmal für Alois Senefelder (1771–1834), Erfinder der Lithografie, aufgestellt worden war.

Der Entwurf des Senefelder Platzes stammt mit großer Wahrscheinlichkeit vom damaligen Berliner Stadtgartendirektor Hermann Mächtig (1837–1909), der sich persönlich der Neuanlage der Vielzahl der in jener Zeit in Berlin entstandenen städtischen Schmuckplätze annahm.

Der Platz selber einschließlich seines Denkmals überstand den Zweiten Weltkrieg weitgehend, dennoch gab es aufgrund der Kriegsschäden Überlegungen, den ziemlich heruntergekommenen Platz völlig neu zu gestalten, wozu es dann aber doch nicht kam, weil der Platz 1977 unter Denkmalschutz gestellt wurde.

Erst nach der Wende konnte der Platz 1994 weitgehend wiederhergestellt werden. Es wurde in diesem Zusammenhang das wertvolle Marmordenkmal grundlegend restauriert, Fehlstellen ergänzt bzw. der Sockel wieder an seine alte, überlieferte Stelle zurückversetzt und einschließlich des rekonstruierten traditionellen Schutzgitters neu aufgestellt sowie zwei traditionelle halbrunde Bänke, sogenannte Exedren, neu aufgestellt.

Mittels von der Firma Wall eingeworbener Sponsorengelder konnte wenige Jahre später das erhaltene und umfassend sanierte Toilettenhäuschen an historisch überlieferter Stelle neuerlich aufgestellt werden, sodass dieser kleine gründerzeitliche Berliner Schmuckplatz sich heute in der weitgehend historisch überlieferten Form präsentiert.

Denkmal Alois Senefelder

Karl-Marx-Allee

Die bedeutendste Magistrale im Osten Berlins ist der in den in den Jahren 1952 bis 1958 als eine repräsentative Straße angelegte Straßenzug Karl-Marx-Allee/Frankfurter Allee, bis 1961 Stalinallee genannt. In dieser Prachtstraße sollten für jedermann sichtbar die gestalterischen Prinzipien der neuen, sozialistischen Gesellschaft zum Ausdruck kommen.

Nach Erarbeitung eines Aufbauplanes für Berlin unter Leitung von Hans Scharoun (1893–1972), der schon im Mai 1945 von der sowjetischen Militärregierung zum Stadtbaurat und Leiter der Abteilung Bau- und Wohnungswesen des Magistrates ernannt worden war, begann er die Umsetzung seiner Pläne ab 1949 mit der Errichtung zweier Laubenhäuser. Es folgten weitere Planungsüberlegungen, jedoch unter neuen ideologischen Zielsetzungen. Architektenkollektive – unter Beteiligung von Richard Paulick, Hanns Hopp, Karl Souradny, Kurt Leucht sowie vor allem Hermann Henselmann (1905–1995), dessen Wirken Architektur und Städtebau in der DDR der 1950er und 1960er Jahren prägte, – erhielten schließlich den Auftrag, die Neubebauung der Karl-Marx-Allee zu entwickeln.

Die Freiflächen wurden fast zeitgleich Mitte der 1950er Jahre von einem Planungskollektiv unter der Leitung des Gartenarchitekten Reinhold Lingner (1902–1968) konzipiert. Der Entwurf Lingners sah vor allem regelmäßige Baumreihen mit alleeartigem Charakter entlang der Gebäude sowie auf der relativ breiten Nordseite der Magistrale einen breiten Streifen mit Grün- und Schmuckanlagen sowie eine Promenade vor.

Die sich auf beiden Straßenseiten durch zurückgesetzte hohe Wohnblöcke ergebenden platzartigen Erweiterungen entwickelten sich im Entwurf Lingners zu dekorativen Schmuckplätzen mit hoher Aufenthaltsqualität. Diese Plätze – wie der Rosen-, bzw. Staudengarten – betonen die in der Architektur vorgegebenen Querachsen und stellen zugleich räumliche Verbindungen zwischen beiden Straßenseiten her. Lingners Entwurf enthielt auch alle Kleinarchitekturen wie Pergolen, Parkbänke, Vitrinen vor den Hauseingängen, Brunnen und Plastiken auf den Schmuckplätzen. Die schließlich modifiziert ausgeführten Pläne Lingners lagen in den Händen von Helmut Kruse, von dem u.a. auch die landschaftliche Gestaltung der Weberwiese von 1953 stammte.

Schon kurz nach der Wende, 1992, als erhebliche Erhaltungs- und Nutzungsprobleme ein denkmalgerechtes Überleben der Karl-Marx-Allee eine Zeitlang fraglich erscheinen ließ, wurden im Sinne einer Gegeninitiative diverse gartendenkmalpflegerische Gutachten und 1994 schließlich ein sogenanntes denkmalpflegerisches Rahmenkonzept zur Wiederherstellung der ziemlich heruntergekommenen Grünanlagen erstellt, aus dem sich ein mit dem Bezirk einvernehmlich abgestimmtes Konzept zur Gestaltung der Freiflächen entwickelte.

Als Pilotprojekt erfolgte dann Mitte der 1990er Jahre – unter Zuhilfenahme von EU-Zuschüssen – eine erste große Sanierung des Stauden- und Rosengartens, einschließlich der Pergolen, so wie es der detailliert überlieferte Entwurf von Helmut Kruse vorsah. In den folgenden Jahren bis 2000 konnten entsprechend dem festgelegten Regelwerk entlang der Karl-Marx-Allee diverse Parkstreifen für parkende Autos eingegliedert und in den folgenden Jahren weitere Freiflächen saniert werden. Schließlich gab der Senat auch die Zustimmung, die das Straßenbild ungemein dominieren-

Karl-Marx-Allee

den, jedoch sehr aufwendigen Groß-Kandelaber denkmalgerecht zu reparieren, teilweise auszutauschen, oder sogar an Fehlstellen durch Nachgüsse zu ersetzen. So hat auch die Gartendenkmalpflege das ihre dazu beigetragen, ein von der Existenz kurze Zeit bedrohtes wertvolles Denkmal wieder zu sanieren, es wieder attraktiv und damit überlebensfähig zu machen.

Märchenbrunnen im Volkspark Friedrichshain

In dem großartigen Städtebau-Projekt Lennés, den »Projektierten Schmuck- und Grenzzügen von Berlin mit nächster Umgebung« von 1840, ist erstmalig der Berliner Volksgarten Friedrichshain enthalten. Wenige Jahre später von Lennés Meisterschüler Gustav Meyer umgesetzt, wurden hier die geistigen, gartenkulturellen aber auch sozialen Grundlagen für die in rascher Folge in der zweiten Hälfte des 19. Jahrhunderts angelegten Volksparke gelegt.

Aus Anlass der Jahrhundertfeier der Thronbesteigung Friedrichs II. kam es kurz nach der Fertigstellung des Tiergartens aufgrund der von Lenné selbst in seinen Schmuck- und Grenzzügen gemachten Anregungen zwischen 1846 und 1848 zur Anlage des 347,5 Hektar großen Friedrichshains. Die Planung für den zwischen dem Neuen Königs- und dem Landsberger Tor, das heißt im städtebaulich besonders expandierenden Nordosten der Stadt anzulegenden neuen Park bestimmte Gustav Meyer, der als Sieger aus einem vom Magistrat ausgeschriebenen Wettbewerb hervorging. 1871 erfuhr der Park erste durchgreifende Umgestaltungen und in den Jahren 1874–1876 eine deutliche Erweiterung.

Am Ende des 19. Jahrhunderts reifte schließlich bei der städtischen Kunstdeputation die Idee, auch den um den Friedrichshain wohnenden, vorrangig ärmeren Schichten »Verständnis für Kunst zu wecken und zu pflegen« und den Hauptzugang zum Park künstlerisch aufzuwerten. So entstand die Idee zur Anlage des Märchenbrunnens. Mit dem Entwurf wurde der damalige Berliner Stadtbaurat Ludwig Hoffmann (1852–1932) beauftragt. Da die sehr aufwendigen Entwurfsideen Hoffmanns mit über einer Million Mark kalkuliert wurden, konnte die ganze Anlage erst 1913 anlässlich des 25. Jährigen Thronjubiläums von Kaiser Wilhelm II. eingeweiht werden.

Von Anfang an hatte Hoffmann die Idee, die der italienischen Renaissance nachempfundene gewaltige Brunnenanlage den Kindern zu widmen und dementsprechend mit Märchenfiguren zu bestücken. Der plastische Schmuck wurde im wesentlichen von Ignatius Taschner (1871–1913) und Georg Wrba (1872–1939) sowie Josef Rauch (1868–1921) im Stil des Art Deco geschaffen, Pate standen bei den Figuren so bekannte Märchen wie Schneewittchen, Brüderchen und Schwesterchen, Dornröschen, Rübezahl, Hans im Glück, Aschenbrödel, Die sieben Raben, Rotkäppchen und der Wolf sowie Der gestiefelte Kater und als immer wiederkehrendes Motiv die Schildkröte, als Ewigkeitssymbol. Die Gesamtanlage umfasst insgesamt 106 Steinskulpturen, davon 36 steinerne Körbe mit Früchten oder Blumen und 70 figürliche Bildwerke. Der mächtige vierstufige, 40 Meter lange und 20 Meter breite Kaskadenbrunnen als Hauptmotiv der Anlage weist neun kleine und eine große Fontäne auf, sowie am rückwärtigen Beckenrand noch sieben Frösche und neun Löwenköpfe als weitere Wasserspeier.

Da sich die Anlage des Märchenbrunnens nach dem Zweiten Weltkrieg in einem relativ desolaten Zustand befand, man aber diese Anlage unbedingt erhalten wollte, hat man den Brunnen in den ersten Nachkriegsinstandsetzungen bewusst vereinfacht wiederhergestellt. Umwelt- und witterungsbedingte Schädigungen, aber auch zunehmende mutwillige Zerstörungen machten schließlich eine eingehende Restaurierung erforderlich. Im Jahr 2006 gelang es in einer von der Gartendenkmalpflege wissenschaftlich-konservatorisch begleiteten umfassenden Generalinstandsetzung

Märchenbrunnen

durch das Grünflächenamt Friedrichshain-Kreuzberg, nicht nur die Wassertechnik zu erneuern, sondern auch die die Kaskade ursprünglich flankierenden Bänke mit Schmuckpfeilern aus dem markanten Travertingestein zu ersetzen, fehlende, schlecht oder unvollständig nach dem Krieg wiederhergestellte Figuren durch gute Kopien zu ersetzen und die Gartenanlage samt Zaun nach dem Konzept von Ludwig Hoffmann instandzusetzen. Somit ist nach Fertigstellung der umfangreichen Arbeiten im Jahr 2007 der Märchenbrunnen als ein einzigartiges Zeugnis einer kaiserzeitlichen Brunnenanlage des frühen 20. Jahrhunderts in Berlin wieder umfassend und authentisch erlebbar.

Viktoriapark

Der vierte und letzte Volkspark Berlins im 19. Jahrhundert sollte der Viktoriapark werden. Die Pläne hierfür entwarf der damalige Berliner Gartendirektor Hermann Mächtig (1837–1909), der nach dem Tod seines Vorgängers Gustav Meyer nicht nur die Fertigstellung des Treptower Parks übernahm, sondern mit dem 1888–1894 angelegten Viktoriapark einen eigenen Volkspark entwerfen und realisieren konnte.

Die Vollendung des kastellartigen Quader-Unterbaus, durch welchen das 1821 eingeweihte Nationaldenkmal auf dem Kreuzberg – der besseren Aussicht wegen – um acht Meter über sein bisheriges Niveau gehoben worden war, gab im Jahre 1879 den Anlass, einem schon zu Lebzeiten Peter Joseph Lennés gefassten Plan, auf jener Hügelgruppe im Süden der Stadt einen Park anzulegen, näher zu treten. An den 1824 von Lenné vorgelegten Plan einer »Aufschmückung« und Bepflanzung des damals noch weitgehend kahlen und überwiegend mit Sand- und Tongruben versehenen Kreuzberges erinnern heute nur noch einige später unter Obergärtner Fintelmann eingebrachte und 1986 nachgepflanzte Robinien auf dem Bergplateau.

Im wesentlichen den nördlichen Abhang des Kreuzberges nutzend, der mit dem von Schinkel entworfenen und an die Zeit der Befreiungskriege erinnernden Nationaldenkmal bekrönt ist, gelang es Mächtig, einen betont landschaftlich geprägten Park zu realisieren. Den Kern der Anlage bestimmt noch heute ein »naturalistischer Wassersturz« – wohl dem bekannten Zackelfall im Riesengebirge nachempfunden –, der das hängige Gelände geschickt nutzend einen scheinbar natürlichen Wasserfall präsentiert und in einem großen Auffangbecken mündet, das seit 1896 die Bronzegruppe »Ein seltener Fang« von Ernst Herter (1846–1917) schmückt. In der Achse der Großbeerenstraße liegend kommt der Wasserfall schon von weither in seiner ganzen Länge zur Geltung.

Über geschickt geführte Wege und Brücken, vorbei an scheinbar originalen Felswänden, gelangt der Besucher schließlich auf das Plateau mit dem Nationaldenkmal. Von hier konnten im 19. Jahrhundert wunderbare Blicke auf das zu Füßen des Berges liegende Berlin genossen werden. Noch ganz im Sinne des Humboldthaines versuchte Mächtig für den der freien Natur entwöhnten Besucher scheinbar natürlich gewachsene Felsaufschlüsse und romantische Waldpartien zu zeigen, was die Fachwelt damals als »eine wundervoll naturwahre Art der Gesteinsschichtung« rühmte und dabei vor allem die »wildromantische und zugleich idyllische Naturszenerie« der seitlich gelegenen Wolfschlucht lobte.

Ab 1913 konnte das bis dahin vom Militär genutzte, westlich gelegene Aufmarschgelände an der Katzbachstraße durch Albert Brodersen (1857–1930), den Nachfolger Mächtigs im Amt des Berliner Gartendirektors, dem Volkspark zugeschlagen werden. In den 1920er Jahren kamen unter Erwin Barth und Leo Kloss größere Sportanlagen dazu. Barth integrierte zusätzlich einen Anzucht-, Nutz- und Schaugarten hinter den Spielplätzen.

Im Rahmen der in den 1990er Jahren einsetzenden ersten gartendenkmalpflegerischen Wiederherstellungsarbeiten konnte vor allem die stark erodierte und halb zugeschüttete Wolfsschlucht mit ihren kunstvollen Felssetzungen, Stützmauern, aber auch Quellsituationen und mehreren kleinen Wasserläufen sowie einer romantischen Schluchtvegetation samt Knüppelholzgeländer sorgfältig wiederhergestellt werden.

Wassersturz im Viktoriapark

NORD

- Reinickendorf
- Pankow

Schlosspark Tegel

Schloss und Schlosspark von Tegel liegen nördlich der Einmündung des von Hermsdorf kommenden Fließes in den Tegeler See.

Hier, im heutigen Ortsteil Tegel des Bezirkes Reinickendorf von Berlin, besaßen im ausgehenden Mittelalter die Nonnen des Spandauer Benediktinerinnenklosters St. Marien Rechte und Besitz, bis die Herrschaft Tegel 1558 an Kurfürst Joachim II. (1505–1571) fiel. Er legte jenseits des Fließes einen Gutshof an, den er seinem »geheimen Secretarius« und späteren Bürgermeister von Cölln Hans Bredtschneider übergab. Unter dem lebensfrohen und prunkliebenden Kurfürsten wurde schließlich ein Jagdschloss, vermutlich von Baumeister Caspar Theiß, errichtet. An jene Frühzeit des Schlosses Tegel erinnern bis heute nicht nur die beiden halbrunden, das Schloss auf der Eingangsseite flankierenden charakteristischen Erker, sondern auch der große gewölbte Weinkeller, ein Hinweis auf den sich vom Schloss bis zur Malche-Bucht hinziehenden kleinen Höhenrücken, auf dessen Südhängen Jahrhunderte lang Wein angebaut wurde.

Nach verschiedenem Besitzerwechsel kaufte schließlich 1693 Kurfürst Friedrich III. (1657–1713) das Gut Tegel, gemeinsam mit den Gütern Rosenthal und Hermsdorf. Tegel gehörte von nun an als königliche Domäne zum Amt Niederschönhausen und wurde verpachtet. In der friderizianischen Zeit wurde 1752 in die »Erbpachtverschreibung« die Verpflichtung zur Anlage einer Maulbeerplantage von 10.000 Bäumen aufgenommen.

Da sich jedoch der erhoffte Ertrag aufgrund der schlechten Bodenverhältnisse nicht einstellte, wurde auch in Tegel, wie übrigens an vielen anderen Orten Preußens, die Maulbeerplantage später wieder eingestellt und stattdessen weiter Weinanbau, Land- und Forstwirtschaft sowie Gartenbau betrieben.

Schließlich konnte 1764 Friedrich von Holwede das Schlösschen, den umfangreichen Guts- und Forstbesitz sowie mehrere Inseln im Tegeler See erwerben. Da er jedoch schon ein Jahr später starb, übernahm den Besitz seine Frau Marie Elisabeth von Holwede (1741–1796), die sich 1766 mit dem Kammerherrn und Major Alexander Georg von Humboldt (1720–1779) vermählte. Aus dieser Ehe gingen das berühmte Bruderpaar Alexander (1769–1859) und Wilhelm (1767–1835) von Humboldt hervor.

Die folgenden Jahrzehnte in Tegel waren durch kluge landbauliche Aktivitäten Alexander Georg von Humboldts, aber auch den Ausbau des Schlösschens sowie – in der Zeit der beginnenden Aufklärung – durch erste gartenkünstlerisch-landschaftsverschönernde Maßnahmen geprägt.

Erste frühsentimental-landschaftliche Anlagen – belegt sind u. a. ein Diana- und ein Teetempel – entstanden in der Zeit um 1770 auf dem langgestreckten nördlichen Rücken des Weinberges, beginnend auf der Höhe des Schlosses und endend erst jenseits der heutigen Familiengrabstätte. Unterstützt wurde Alexander Georg von Humboldt in diesen Arbeiten durch den Hauslehrer seiner Söhne, Gottlob Johann Christian Kunth (1757-1829), der auch nach Humboldts Tod diese Arbeiten fortsetzte. Aus jener Zeit stammt die 1792 angepflanzte große Lindenallee, den nach Heiligensee führenden mittelalterlichen Mühlenweg markierend.

Noch bevor Wilhelm von Humboldt, der nach der Erbteilung mit seinem Bruder Alexander im Jahre 1802 zum alleinigen Eigentümer Tegels wurde, seinen Besitz im 19. Jahrhundert zu einem bedeutenden Musenhof aus- und umbaute, war der

Park nicht zuletzt wegen seiner landschaftlichen Schönheit ein gern besuchter Ort.

Im 19. Jahrhundert sollten unter anderem Heinrich Seidel, dem Tegel das Schönste unter allen Landschaftserlebnissen der unmittelbaren Berliner Umgebung war, aber auch Gottfried Keller, der Tegel zwei seiner bezaubernden Dichtungen widmete, und natürlich Theodor Fontane, der Tegel in seinen märkischen Wanderungen mit besonderer Liebe und Ehrfurcht besang, von Park und Landschaft fasziniert werden.

Zu einem völlig neuen Akzent in der Freiflächenentwicklung Tegels kam es im Zusammenhang mit dem Umbau des Schlosses und der Errichtung der Humboldt-Grabstätte in den zwanziger Jahren des 19. Jahrhunderts. Bedingt durch den Abschied aus dem Staatsdienst im Jahre 1819 und beeinflusst durch seine Eindrücke in Rom schuf sich Wilhelm in den Jahren 1821 bis 1824 schließlich durch Schinkel und Rauch in Tegel sein eigenes, den Villen Plinius d. J. verwandtes Tuscum. Hier wurde nach und nach eine Vielzahl der ausgegrabenen, erworbenen und geschenkten Antiken aufgestellt, Tegel damit seinen spezifisch musealen und unverwechselbaren Reiz gebend.

Durch den Tod Karoline von Humboldts, der Gemahlin Wilhelms, im Jahr 1829 kommt es schließlich noch – wieder unter Hinzuziehung von Karl Friedrich Schinkel – zur Anlage einer hippodromförmigen Grablege mit steinerner Exedra und einer auf hoher Säule stehenden Spes (Hoffnung) von Thorwaldsen, in der rechten Hand die Blüte des Granatapfels als ein »Versprechen auf die Zukunft« haltend. Gerahmt vor dunkler Fichtenwand konnte Wilhelm so aus dem Antikensaal des Schlösschens in die Tiefe des Parks schauend am jenseitigen Ende desselben die in weißem Marmor schimmernde Spes sehen, wohl wissend, dass auch er hier dereinst ruhen würde, wie später dann auch sein nicht minder berühmter Bruder Alexander. Hier, im Schlosspark von Tegel, ruhen bis heute die Vertreter einer Familie, die nach Theodor Fontane »wie kaum eine zweite, diesen Sand zu Ruhm und Ansehen gebracht haben«. Die Gegenüberstellung von Wohnsitz und Gräbern einer Familie ist im frühen 19. Jahrhundert gebräuchlich, hier aber in so eindrucksvoller Weise geformt, dass sie als singuläre Leistung des deutschen Klassizismus sich entsprechenden Vergleichen entzieht.

Die die Grabstätte noch bis in die Nachkriegszeit beschattende große Eiche, aber auch weitere ältere Eichen bestimmen noch immer den Charakter der weitläufigen Parkanlage – die wir nach dem Wörlitzer Vorbild eher eine aufgeschmückte Landschaft, denn einen Park bezeichnen sollten –, darunter die mehrhundertjährige sogenannte »Humboldt-Eiche« in der weiten Schlosswiese, aber auch »die Dicke Marie«, eine gewaltige, ebenfalls uralte Eiche schon jenseits der Familiengrabstätte zum Tegeler See, der Malche hin stehend.

Aus Anlass des 150. Todestages Alexander von Humboldts im Jahr 2009 konnte schließlich mit Unterstützung des Landesdenkmalamtes (Bereich Gartendenkmalpflege) die wertvolle Humboldt-Grabstätte restauriert und konserviert werden, nachdem schon in den 1990er Jahren die desolate Hauptzufahrt zum Schloss, Teil der sehr alten Adelheidallee mit wertvollem, alten Straßenpflaster vollständig gepflastert werden konnte. Die historisch überlieferte, mit einem sogenannten Halbmeilenstein beginnende und an der Gabrielenstraße endende Adelheidallee, eine schmale, zweireihige Lindenallee, wurde im Mai 1995 ebenfalls unter Denkmalschutz gestellt.

Schlosspark Tegel

Rosenanger

Zu dem von Ludwig Lesser ungemein komplex und großzügig gedachten Grünsystem von Frohnau gehören ohne Zweifel der als Vorläufer eines Volksparkes geplante, 1958 nach ihm benannte Ludwig-Lesser-Park mit dem nördlich angrenzenden Poloplatz, aber auch kleinere, jedoch sehr repräsentative Grünanlagen wie der landschaftlich gestaltete Donnersmarckplatz, der 1910 sehr schön wiederhergestellte Schmuckplatz am Edelhofdamm oder der kleine, sich dreieckig aufweitende Platz am nördlichen Ende der Wiltinger Straße. Hier schuf Lesser einen kleinen, fast intimen Ort, der ursprünglich mit seinen eleganten, weiß gestrichenen Gartenbänken und gepflegten Hecken sowie mit einem dekorativen korinthischen Kapitell, welches schon 1922 durch das sich noch heute auf dem Platz befindliche, aus Muschelkalk bestehende Kriegerdenkmal von Paul Poser ersetzt wurde, geziert war.

Zu den unbedingt erwähnenswerten Schmuckplatzartigen Anlagen Frohnaus gehört ohne Zweifel der Rosenanger, eine Anlage, die Ludwig Lesser in das damals noch vollständig bewaldete Gebiet hinein baute. Die einem strengen Raumgedanken verpflichtete, sich in Ost-West-Richtung erstreckende, großzügige architektonische Anlage weist im Zentrum eine große Rasenfläche mit einem runden Regenrückhaltebecken aus, während die Raumfassung durch Lindenalleen gebildet werden, die in der Anfangszeit kastenförmig geschnitten waren. Diese Schnittstellen kann man noch heute an den längst ausgewachsenen Baumkronen gut erkennen.

Auf der östlichen Platzseite stand früher ein kleines, mit Reet gedecktes hölzernes Unterstandshäuschen, das von einer Trockenmauer aus Natursteinen und einer streng geschnittenen Eibenhecke gefasst war. Der Name Rosenanger leitet sich hingegen auf den ganz besonderen Schmuck des Rosenangers her, nämlich mehrere tausend gepflanzte und im Sommer verschwenderisch blühende Rosen. Leider sind inzwischen ein Laubengang sowie das Unterstellhäuschen beseitigt worden, jedoch erinnert noch immer die 50 Zentimeter hohe und erhaltene Trockenmauer an den ursprünglichen Standort des Häuschens, wo inzwischen Rosenbeete aufgepflanzt wurden.

Die zahlreichen Bäume der Lindenallee sind glücklicherweise noch fast vollständig erhalten, ihre Kronen sind jedoch mangels Kastenschnitt heute sehr hoch aufgewachsen. Bedauerlicherweise haben jedoch das klug von Ludwig Lesser durchdachte natürliche Regenauffangbecken-System – das sich durch ganz Frohnau zieht – wenig achtende, nur technisch denkende Fachleute in den 1970er Jahren den Rosenanger grob verunstaltet. Ganz unsinnige Ausbaggerungen und Vergrößerungen, mehr noch die Betonierungen der Wasserzuläufe waren keine guten Entscheidungen. Insgesamt gesehen bildet aber auch der Rosenanger in seinen weitgehend erhaltenen Lesser'schen Strukturen ein kostbares Frohnauer Erbe einer Zeit, in der auch den bauwilligen und die Natur achtenden Bildungsbürgern Gartenkunst noch ein hohes Gut war.

Rosenanger

Zeltinger und Ludolfinger Platz

Durch die von Berlin nach Oranienburg führende Bahnlinie geteilt, bilden der Ludolfinger und der Zeltinger Platz den städtebaulichen Mittelpunkt der 1909/10 gegründeten Gartenstadt Frohnau, einer eleganten und dennoch im märkischen Kiefernwald gelegenen Stadt im Grünen. Das etwa 3.000 Morgen große, damals noch bewaldete Gebiet gehörte zu diesem Zeitpunkt schon der »Berliner Terrain Centrale GmbH«, die sich im Besitz eines vermögenden schlesischen Magnaten, Graf Henckel Fürst von Donnersmarck befand, der den Wald 1907 von Werner Baron von Veltheim (Schönfließ) aufgekauft hatte.

Das städtebauliche Konzept sah vor, in einem ersten Schritt alle Straßen einschließlich der Versorgungseinrichtungen, aber auch alle Gehwege mit ihren aufwendigen Pflasterungen herzustellen und alle Baumalleen einzubringen – wobei jede Straße mit einer anderen Baumart bepflanzt wurde –, und erst dann die baureifen Grundstücke an zahlungskräftige Bauherren zu verkaufen. Aus einem städtebaulichen Wettbewerb gingen schließlich die damals schon bekannten Architekten Joseph Brix (1859–1943) und Felix Genzmer (1856–1924) als Sieger hervor, und der zum Gartendirektor der »Berliner Terrain Centrale« ernannte Gartenarchitekt Ludwig Lesser (1869–1957) wurde mit der schließlich in einem Bebauungsplan festgelegten Umsetzung der Wettbewerbsideen betraut, brachte aber auch seine eigenen großartigen grünplanerischen Ideen ein, die noch immer entscheidend das Gesicht Frohnaus bestimmen.

Das erste größere Bauvorhaben Frohnaus sollte das von Gustav Hart (1864–1929) und Alfred Lesser (1871–1915) erbaute repräsentative Bahnhofsgebäude sein, das mit seinem 30 Meter hohen Turm, mit anschließendem Kasino und weit vorspringender Terrasse zum Wahrzeichen Frohnaus wurde.

Um die optische Trennung des Geländes beidseitig der Bahntrasse im Bereich der beiden Schmuckplätze zu minimieren und dennoch einen zusammengehörenden Ortskern zu erhalten, vertiefte man die Bahngleise im Umfeld des Bahnhofes und erhöhte hingegen leicht das angrenzende Gelände. Eine Brücke verband den Zeltinger und den Ludolfinger Platz. Von beiden Plätzen führen die mit Alleen versehenen Straßen strahlenförmig in das eigentliche Bau- und Wohngebiet. Die nur in unmittelbarer Nähe der beiden Schmuckplätze streng radial geführten Alleen bewegen sich dann sehr schnell – der natürlichen Dünen- und Naturlandschaft folgend – in landschaftlich-geschwungenen Formen.

Dem hohen städtebaulich-gartenkünstlerischen Anspruch folgend, aber auch um die über die Oranienburger Chaussee »vorbeieilenden Reisenden« auf die besondere Qualität der Gartenstadt aufmerksam zu machen, plante man von Anfang an zahlreiche repräsentative Grünanlagen, wie den am Ortseingang von Frohnau gelegenen, mit einem Pavillon versehenen Kaiserpark, den heutigen Schmuckplatz am Edelhofdamm, den Sigismundkorso – der durch eine über elf Meter breite und etwa 130 Meter lange und aufwendig gestaltete Mittelinsel besonders herausgehoben wurde – oder den auf Wunsch des Kaisers schon 1910 angelegten Poloplatz mit seinen ausgezeichneten Park- und Sportanlagen. Eine besondere Attraktion stellt bis heute auch das 1922–1924 vom Berliner Arzt Paul Dahlke errichtete Buddhistische Haus am Edelhofdamm dar.

1930 kam es dann zu ersten Umgestaltungen am Zeltinger Platz, wo nach den Plänen der Ar-

Zelltinger Platz

chitekten Johannes und Walter Krüger die beiden turmartigen Klinkerbauten zu beiden Seiten der Bahnhofsbrücke errichtet und auf dem Platz selber, innerhalb des Pergolen–Halbrundes, 1932 die beliebte Kugelläuferin von Otto Maerker (1891–1967) aufgestellt wurde, die jedoch im Krieg eingeschmolzen und 1980 durch eine Nachbildung von Harald Haacke (1924–2004) ersetzt wurde. Glücklicherweise blieben die beiden Plätze, aber auch die anderen wichtigen Grünanlagen Frohnaus im Krieg und in der Nachkriegszeit weitgehend erhalten. Nicht zuletzt durch mangelnde Pflege, aber auch durch Überalterung und eine rigide Verkehrsplanung kam es doch zu manchen gestalterischen Einbußen.

So konnten mit Hilfe der Gartendenkmalpflege verschiedene Restaurierungen, wie die 1984 erfolgte Instandsetzung des kleinen, von Heinrich Straumer (1876–1937) geschaffenen öffentlichen Gartenraumes »An der Buche« oder die Pappelnachpflanzungen am Ludolfinger -, bzw. die Pergoleninstandsetzung am Zeltinger Platz und 2010 die Sanierung des Pavillons am Kaiserpark mit gärtnerischem Umfeld durchgeführt werden. Bei allen Maßnahmen bildeten die von der Gartendenkmalpflege bei der Garten- und Landschaftsarchitektin Katrin Lesser in den 1990er Jahren in Auftrag gegebenen Fachpublikationen, namentlich gartendenkmalpflegerische Ziel- und Pflegekonzepte, die unerlässliche wissenschaftlich-konservatorische Grundlage.

Ludolfinger Platz

Schlosspark Niederschönhausen

Die Geschichte von Schloss und Garten beginnt in der Zeit nach dem Ende des Dreißigjährigen Krieges, als eine Gräfin Dohna aus dem Hause Holland Brederode das Gut 1662 aus dem Besitz der Familie von Waldow erwirbt und schon 1664 ein repräsentatives, zweigeschossiges Schloss, »Petit Palais« genannt, errichten ließ. In dieser Zeit kam es auch zur Anlage eines nicht unbedeutenden Gartens, den sogar Johann Sigismund Elßholz schon 1672 anerkennend erwähnt. 1680 erwarb den Besitz Oberhofmarschall Joachim Ernst von Grumbkow (1637–1690), der das alte Dohnasche »Petit Palais« abreißen und schon wenig später in unmittelbarer Nähe, direkt an der Nord-Süd-Allee, ein neues Schloss im damals modernen holländischen Stil errichten ließ.

Nach dem Tode Grumbkows ging der schöne Besitz 1691 an Kurfürst Friedrich III. (1657–1713) über, der das Schloss sofort durch seinen Baumeister Johann Arnold Nehring (1659–1695) um- und neugestalten ließ. Er hielt sich nachweislich viel in Schönhausen auf, wo er maßgeblich seine Krönung zum König von Preußen vorbereitete, die 1701 in Königsberg stattfand. Von Schönhausen aus hielt er dann auch nach der Krönung in Ostpreußen seinen Einzug in Berlin. Entsprechend seiner neuen Würde ließ der König unter der Leitung des Hofbaumeisters Johan Friedrich Eosander von Goethe (1669–1728) das Schloss zu einer prunkvollen Sommerresidenz ausbauen und den Garten im Stil des Barock anlegen.

Nach Friedrichs Tod erlebte auch Niederschönhausen unter dem Soldatenkönig Friedrich Wilhelm I. massive Pflegeeinschränkungen. Erst mit dem Regierungsantritt Friedrich II. im Jahr 1740, als er das Schloss seiner Gemahlin Elisabeth Christine von Braunschweig-Bevern (1715–1797) schenkte, die es zu ihrer Sommerresidenz bestimmte, sollte eine neue, glanzvolle Zeit anbrechen, da die Königin das Anwesen für offizielle Empfänge sowie sommerliche Hof- und Gartenfeste nutzte.

Den bei der Übernahme völlig verwilderten, von Eosander von Goethe gestalteten Garten ließ sie grundlegend erneuern. Er verfügte in jener Zeit über acht aufwendig gestaltete und mit barocken Statuen versehene Parterrefelder. Sie ließ die Orangerie instand setzen und zahlreiche Alleen anlegen. Nach den Verwüstungen im Siebenjährigen Krieg ließ die Königin nach 1763 das Schloss durch Johann Boumann d. J. (1737–1812) vollständig umbauen, wobei es seine heutige Gestalt erhielt. Bis zu ihrem Tod im Jahr 1797 verschönerte Elisabeth Christine ihren Besitz auf jede nur mögliche Weise.

Nach dem Tod der Königin wohnten im Schloss Schönhausen meist weibliche Angehörige des regierenden Hauses, so Herzogin Friederike von Cumberland (1778–1841), Schwester der Königin Luise von Preußen mit ihrer Familie. Ihre wiederholt gegenüber Friedrich Wilhelm III. geäußerten Veränderungswünsche vor allem hinsichtlich des Schlossparks führten dazu, dass der König Peter Joseph Lenné den Auftrag zu einer teilweisen Neu- und Umgestaltung des Gartens erteilte. Lenné legte zwischen 1827 und 1829 zwei Entwürfe vor, bevor dann schließlich ein dritter bis 1835 ausgeführt wurde. Unter teilweiser Beibehaltung barocker Gartenstrukturen, nicht zuletzt wichtiger Verbindungsalleen, gelang es Lenné, dem weitläufigen Park einen landschaftlichen Charakter zu verleihen, namentlich unmittelbar hinter dem Schloss einen im Biedermeier unverzichtbaren blumenreichen Pleasureground anzulegen und die vier Platanen zu pflanzen, die heute mit dem modernen Brunnen aus der Nachkriegszeit diesen alten Pleasureground dominieren.

Nach 1918 ging das Schloss in preußischen Staatsbesitz über und diente nach umfangreichen Instandsetzungen in den Jahren 1935/36 mehrere Jahre lang als Ort für Kunstausstellungen. Seit 1937 wurde es für die Reichskunstkammer als Depot für »Entartete Kunst« genutzt. Nach dem Ende des Zweiten Weltkrieges beschlagnahmte die Sowjetische Militäradministration das Schloss Schönhausen und richtete dort ein für die Öffentlichkeit unzugängliches Internat ein. Infolge der Gründung der DDR diente dann das Schloss als Amtssitz des Präsidenten der DDR und wurde damit im geteilten Deutschland zu einem zentralen Ort mit symbolträchtiger Bedeutung.

Aus Sicherheitsgründen wurde zum Schutz für den in Schönhausen residierenden ersten Präsidenten der DDR, Wilhelm Pieck (1876–1960), eine hohe Mauer um das Schloss errichtet, die den Park leider bis heute in zwei Teile teilt, nämlich in den in der DDR-Zeit nicht öffentlichen inneren »Präsidentengarten« und den ca. 30 Hektar großen »äußeren Garten«, der glücklicherweise in weiten Bereichen seine landschaftliche Gestaltung behielt. Für die Neugestaltungen im Präsidentengarten zeichnete der Gartenarchitekt Reinhold Lingner (1902–1968) zusammen mit Hubert Matthes und Frank-Erich Carl verantwortlich. Die neu entstandenen Sondergärten, wie ein heute zugeschütteter Wasserpflanzengarten, aber auch der Rosengarten mit Pergola oder der südlich der Gesellschaftsterrasse von Lingner angelegte Staudengarten waren von klaren, linearen Formen geprägt.

Nach der Wende übernahm der Bund die gesamte Liegenschaft und überträgt sie 1996 dem Land Berlin. Nach der 2005 erfolgten Übertragung an die Stiftung Preußische Schlösser und Gärten Berlin-Brandenburg ist nach einer grundlegenden denkmalpflegerischen Sanierung das Schloss heute ein bedeutendes Museumsschloss, das insbesondere die Zeit Königin Elisabeth Christines, aber auch in wenigen Räumen die DDR-Zeit anschaulich präsentiert. Im Park, der ohne Zweifel ein Gesamtkunstwerk aus drei Jahrhunderten ist, dominiert nach wie vor der landschaftliche Park des 19. Jahrhunderts, eingeschlossen barocke Gartenelemente, wie die alten Alleen. Und im inneren früheren Präsidentengarten erlebt man nach wie vor eine typische Gartenkunst der 1950er Jahre, so wie sie im Prinzip zeitgleich auch im Westberliner Präsidentengarten des Schlosses Bellevue angelegt worden ist.

Folgeseite: Schloss Niederschönhausen

Schlosspark Buch

Offensichtlich schon kurz nach der Übernahme von Buch im Jahr 1670 durch Gerhard Bernhard Freiherr von Pölnitz (1617–1679) begann dieser nicht nur mit dem Ausbau des Schlosses, sondern sogleich auch mit der Anlage eines Gartens. Es wundert nicht, dass der in der Pankeniederung angelegte Garten holländischen Vorbildern folgte, hatte doch Pölnitz seine Ausbildung in den Niederlanden unter Prinz Wilhelm II. von Oranien erhalten.

Holländischen – und nicht französischen Vorbildern – entsprechend entsteht dann auch in Buch eine große Gartenanlage, ohne direkten Bezug zum Herrenhaus; sie erstreckt sich vielmehr von Wassergräben gerahmt tief in die Talaue der Panke.

Auch wenn aus dieser wichtigen Anfangsphase der Gartenkunst in Buch keine Pläne überliefert sind, so wissen wir doch, dass durch Aushub ein rechteckiges Kanalsystem geschaffen und in etwa zwei große, mit mehreren Alleen gegliederte Gartenbereiche eingeteilt wurde.

1724 verkaufen schließlich die Enkel des 1679 früh verstorbenen Generalwachtmeisters von Pölnitz das große Rittergut an den Geheimen Etatsrat Adam Otto von Viereck (1684–1758). Er ließ das bescheidene Gutshaus durch den damals in Preußen bekannten Baumeister Friedrich Wilhelm Dieterichs (1702–1782) zu einer großzügigen Dreiflügelanlage umbauen.

Der neu angelegte Französische Garten war direkt auf die Westfassade, also auf die Parkseite des Schlosses ausgerichtet, so dass sich von der Schlossterrasse ein besonders schöner Blick in den sich sanft zur Pankeniederung hin erstreckenden formalen Garten, nunmehr in mehrere Parterrebereiche gegliedert, ergab.

Vom zentral auf das Schloss hin ausgerichteten Broderieparterre, nach neuestem französischen Geschmack angelegt, ergaben sich neben der straffen Längsorientierung in Richtung Pankeniederung mehrere quer gelegene Achsen, an der in Schlossnähe, also am Endpunkt der ersten großen südlichen Querachse als point de vue 1731–1736 die Schlosskirche errichtet wurde. Eine weitere wichtige Querachse vom Broderieparterre Richtung Norden führte einerseits zum südlich gelegenen Heckentheater, aber auch zu dem um 1760 errichteten Orangeriegebäude, dessen eingeschossiger Putzbau durch ein vorgelagertes Rasenparterre betont wurde. Unmittelbar vor der Orangerie flankierten ursprünglich zwei Puttengruppen den Haupteingang.

Zwei steinerne Sphingen »bewachten« noch bis 1900 die zur Orangerie hochführende Wegerampe. Mit Blick auf die Sphingen stand ebenfalls bis 1900 eine steinerne Nymphe, dem Bildhauer Friedrich Christian Glume (1715–1752) zugeschrieben, die nach 1900 zum Westeingang der Orangerie versetzt wurde.

Die Raffinesse des vorzüglich strukturierten Gartens, die Eleganz des nach neuestem französischen Geschmack angelegten Broderieparterres, aber auch die Vielfalt der Gartenstrukturen, wie die Heckenquartiere, das Heckentheater oder der Orangeriebereich erinnern an großartige königliche Vorbilder wie beispielsweise Rheinsberg. Der in engster Verbindung zu Friedrich II. stehende von Viereck wird nicht nur die großen Vorbilder Sanssouci und Rheinsberg gekannt und geschätzt haben, sondern ist eben auch bestrebt gewesen, seinen eigenen kleinen Musenhof Buch entsprechend auszustatten.

Nachdem 1758 erfolgten Tod von Adam Otto von Viereck kam der wertvolle Besitz über den

Erbgang an seinen älteste Tochter Amalie Ottilie, die mit dem Legationsrat und Domprobst Hieronymus von Voß (1734–1784) verheiratet war. In der Familie von Voß sollte Buch dann bis 1898 verbleiben, sie waren es, die dem Bucher Park sein heutiges Aussehen verleihen sollten.

Nach und nach wurden regelmäßige Gartenpartien landschaftlich umgewandelt und Hieronymus von Voß bemühte sich, angrenzende Wiesen und Waldteile zum Park hinzu zu nehmen. Vor allem unter seinem Sohn und Erben, dem Staatsminister Otto Carl Friedrich von Voß (1755–1823) wurde der immer größer werdende Park nun konsequent landschaftlich überformt.

Erst unter dem Nachfolger von Otto von Voß, Friedrich Wilhelm Maximilian (1782–1847), der von Friedrich Wilhelm IV. schließlich in den Grafenstand erhoben wurde, und namentlich unter seinem jüngeren Bruder, Carl Otto Friedrich (1786–1864), der nun Erbe des großen Majorates wurde, entstand dann schließlich – mit Ausnahme des Orangerieparterres – nach und nach ein reiner Landschaftsgarten.

Auch das ursprünglich unter von Viereck angelegte französische Parterre wurde aufgelöst und wie im Schlosspark von Charlottenburg in einen landschaftlichen Pleasureground verwandelt. Zurückkommend auf die Zeit des beginnenden landschaftlichen Gartens von 1800 muss hier jedoch auch an die rückwärtige, zur Teichseite der Orangerie im Burgenstil angelegte Orangeriehälfte aus Rathenower Ziegeln erinnert werden. Die kunst- und gartenhistorische Bedeutung liegt darin begründet, dass es sich wohl um den ersten neogotischen Backsteinbau in Berlin-Brandenburg handelte.

Von 1871–1892 befindet sich der gesamte Besitz Buch schließlich in den Händen des Grafen Gustav Herrmann Otto Leopold Graf von Voß-Flotow (1822–1892). Ihm ist unter anderem die 1881 erfolgte Aufstockung des Schlosses, die Erweiterung der Seitenflügel und eine umfassende Restaurierung der als Patronatskirche fungierenden Schlosskirche zu verdanken.

Auch wenn der Bucher Schlosspark nach dem Verkauf an die Stadt Berlin, die auf den weiträumigen landschaftlichen Flächen Rieselfelder anlegen wollte – eine Planung, die dann durch die von Ludwig Hoffmann errichteten Krankenanstalten überholt wurde –, bis in die Zeit des Zweiten Weltkrieges nicht mehr wesentlich verändert wurde, ergibt sich jedoch nochmal eine neue Parkbereicherung in den Jahren um 1925, als im Zusammenhang mit dem Neubau einer massiven Brücke an der Wildbergstraße eine neue romantische Situation durch Schaffung eines Wasserfalls am Teichabflussgraben mit der Panke entsteht und zusätzlich einige weitere kleine Brücken errichtet werden. Auch lässt die Stadt Berlin in jener Zeit die gesamte gärtnerische Anlage des Schlossparkes noch einmal vorbildlich überholen.

Nach 1945 entsteht schließlich an der westlichen Parkgrenze durch die sowjetische Besatzung das Sowjetische Ehrenmal, das die Gartendenkmalpflege Berlins gleich nach der Wende grundinstandsetzen konnte. 1956/57 wurde der stark verwilderte Park nach den Plänen von Folkwin Wendland überarbeitet. Zum Entsetzen aller Kunst- und Geschichtsinteressierten wurde dann leider 1958 die kriegsbeschädigte Orangerie und schließlich 1964 das am höchsten Punkt des Parks gelegene Schloss komplett abgerissen.

1972 erfolgte im Auftrag des Naturschutz- und Grünflächenamtes Pankow eine weitere Überarbeitung des Parks. Unter anderem wurde das

Wegesystem durch einen Rundweg erweitert, jedoch der südöstliche Teil des Holländischen Gartens vom Parkgelände abgetrennt und im Zuge einer Neunutzung durch den Künstlerhof Buch vollständig überformt.

Man müsste vor allem die durch den Abriss des Schlosses, der Orangerie und der »gotischen Burg« – die das räumliche Rückrat der großartigen Parkanlage bildeten – entstandenen schmerzlichen Lücken in angemessener Weise neu füllen. Hier wird es sicherlich nicht um eine auch in der Denkmalpflege problematisch gesehene Original-Rekonstruktion gehen, sondern im Sinne der kritischen Rekonstruktion vielmehr um eine den alten Proportionen, Maßstäben und Baumaterialien angelehnte behutsame, maßstabsgerechte bauliche Erneuerung.

Auf Grundlage des von der Gartendenkmalpflege 1994 vorgelegten Parkpflegewerkes ist im übrigen eine weitere energische und detailgetreue gartendenkmalpflegerische Überarbeitung des westlichen Schlossparks erforderlich. Hierbei geht es natürlich nicht um eine Rekonstruktion alter oder ältester Parkschichten, sondern als Leitebene bietet sich die Zeit um 1900 an, als der Park sein Reifestadium erreicht hatte und sich letztendlich alle vorher gehenden Parkstufen in dieser Leitebene zumindest ansatzweise wiederfinden.

Schlosspark Buch

OST

- Lichtenberg
- Marzahn
- Hellersdorf
- Treptow
- Köpenick

Schlosspark Friedrichsfelde

Die Anfänge des ursprünglich Rosenfelde genannten Gutes Friedrichsfelde gehen auf das 17. Jahrhundert zurück, als sich der vermögende holländische Kaufmann und spätere kurbrandenburgische Generaldirektor der Marine Benjamin von Raulé ein Landhaus errichten und einen Garten nach dem damals sehr beliebten holländischem Geschmack anlegen ließ.

Als von Raulé in Ungnade fällt, übernimmt Kurfürst Friedrich III. (1657–1713) das von ihm konfiszierte Gut Rosenfelde, vereinigt es mit seinen Domänen, unterstellt es dem Amte Köpenick und tauft es in Friedrichsfelde um. Sein Sohn Friedrich Wilhelm I. (1688–1740), der Soldatenkönig, übergibt den Besitz an Markgraf Albrecht Friedrich von Brandenburg-Schwedt (1672–1731). Dieser lässt das Lusthaus 1719 durch den Architekten Martin Heinrich Böhme zu einem repräsentativen Schloss umbauen. Aus der Zeit seines Sohnes und Erben, Albrecht Friedrich, der Friedrichsfelde 1737 übernahm, ist überliefert, das der zweigeteilte Garten im südlichen Bereich einen Lust-, Obst- und Küchengarten aufwies, und im nördlichen Bereich ein formales Parterre mit zahlreichen barocken Gartenskulpturen sowie Boskett-Anlagen.

1762 sollte dann Prinz Ferdinand von Preußen (1730–1813), jüngster Bruder Friedrichs II., Friedrichsfelde erwerben und mit seiner kinderreichen Familie bewohnen, ehe er 1786 in sein an der Spree in der Nähe Berlins am Rande des Tiergartens neu errichtetes Schloss Bellevue umzog und Friedrichsfelde veräußerte. Auch wenn Prinz Ferdinand die überkommenen barocken Grundstrukturen aus Markgräflich Schwedter Zeit im wesentlichen beibehielt, so hielt doch zumindest in den südlichen Gartenbereichen Schritt für Schritt die damals neu aufkommende Mode des Englischen Landschaftsgartens seinen Einzug. Staffagebauten, wie eine Einsiedelei, »Schlangengänge«, ein Türkisches Zelt, oder drei Pavillons im Rokoko-Stil belebten von nun an den frühlandschaftlich-sentimentalen Garten des im übrigen damals deutlich erweiterten und mit Inseln versehen Parks.

Nach mehrmaligem Besitzerwechsel kaufte schließlich Friedrichsfelde im Jahr 1816 Johann Karl Sigismund von Treskow (1787–1846) und beauftragte schon wenige Jahre später Peter Joseph Lenné (1789–1866) mit einer Umgestaltung des Parks im Geschmack der Zeit. Lenné ließ die barocken Gartenstrukturen weitgehend beseitigen und stattdessen einen malerischen Landschaftspark anlegen. So wurden die Kanäle um das Schloss herum zugeschüttet, das große Wasserbassin unmittelbar am Schloss in einen landschaftlich gestalteten Teich umgeformt und das nördlich des Schlosses gelegene barocke Parterre als ein Pleasureground gestaltet. Vom ebenfalls landschaftlich gestalteten Südparterre aus hatte man tiefe Blicke in die mit Wiesen und Baumgruppen gezierten, neu zum Park gekommenen Bereiche der östlichen Parkerweiterung.

Die ungemein dominante, aus dem 18. Jahrhundert überkommene barocke Mittelachse des alten Tiergartens behielt Lenné jedoch als ein gepflegtes Bowlinggreen bei, auch blieben die in diesem Südteil des großen Friedrichsfelder Parks gelegenen Wasserkanäle bestehen.

Nach dem Zweiten Weltkrieg ergab sich dann eine völlig neue Situation. Nach der Vertreibung der Familie von Treskow und der Inbesitznahme von Schloss, Gut und Park durch die DDR beschloss 1954 der Ost-Berliner Magistrat, auf dem Gelände des Parks einen neuen Berliner Tiergarten einzurichten. Mit den Planungen wurde die

Südparterre

Gartenarchitektin Editha Bendig (1900–1983) beauftragt, und schon 1955 wurde der neue Tiergarten eröffnet. Entgegen barocker Tradition schuf Editha Bendig vor der südlichen Eingangsfront des Schlosses einen neo-barocken Senkgarten aus sechs Rasenkompartimenten, diese wiederum wurden mit dekorativen Blumenbordüren und im Sinne eines scheinbar barocken Parterres mit Blumenarabesken ausgestattet. Das ursprüngliche barocke Broderieparterre vor den Hauptgesellschaftsräumen nördlich des Schlosses wurde hingegen viele Jahre als schlichte Abstellfläche für Bedürfnisse des Tierparkes missbraucht.

Erst im Zusammenhang mit der Gefahr eines drohenden Abrisses des Schlosses, den die staatliche Denkmalpflege der DDR verhindern konnte, kamen Überlegungen auf, das untergegangene Parterre zu rekonstruieren. Nach intensiven, mehrjährigen Diskussionen konnte dann schließlich 1987 eine minutiöse Wiederherstellung des Parterres auf Grundlage der überlieferten Karte von Reichenow aus dem Jahre 1767 vollendet werden.

Friedrichsfelde mit seiner wechselvollen Historie – auch des Gartens – ist ohne Zweifel ein Geschichtsdenkmal von Rang; der interessierte Besucher kann hier »Garten-Setzungen« aus über drei Jahrhunderten als ein vielschichtiges Beispiel deutscher Garten- und Gesellschaftsordnung anschaulich studieren. Es bleibt jedoch zu hoffen, dass die in breiten Bevölkerungskreisen sehr positiv aufgenommene neue Nutzung als Tierpark das bedeutende gartenkünstlerische Erbe achtet und pflegt, das Gartendenkmal Schlosspark Friedrichsfelde hat es verdient.

Folgeseite: Schloss Friedrichsfelde

Schlosspark Biesdorf

Das Dorf von Biesdorf wird bis heute durch eine spätklassizistische Turmvilla dominiert, die auf der Hangkante des Barnim, nördlich der Dorfaue, am Rande einer bis an die S-Bahn reichenden Parkanlage steht.

1868 von der bekannten Architektensozietät Martin Gropius und Heino Schmieden für Hans Hermann von Rüxleben errichtet, dominierte die zweigeschossige Villa (umgangssprachlich Schloss genannt) mit Säulenvorhalle und hohem, auf weite Aussicht angelegtem Eckturm das herrschaftliche Gut. Vom Turm aus konnte man damals nicht nur die gesamte, zum Rittergut gehörende, tiefer gelegene Feldmark Biesdorf sehen, sondern auch den Blick bis Köpenick und zur Bismarckwarte auf den Müggelbergen schweifen lassen.

Nach mehrmaligem Besitzerwechsel erwarb schließlich 1887 Werner von Siemens (1816–1892) das »vernachlässigte Schloss« samt Park und das 600 Hektar große Gut Biesdorf vom stark verschuldeten Vorbesitzer Günter Baron von Bültzingslöwen. Da Werner von Siemens und namentlich seine Ehefrau Antonie jedoch Biesdorf als Wohnort nicht sehr schätzten, übernahm schon bald sein Sohn Wilhelm von Siemens (1855–1919) das Rittergut Biesdorf samt Villa und Garten. Er bekam den Besitz dann auch schließlich von seinem Vater 1889 vermögensmäßig überschrieben und sollte die Villa mit Ehefrau Elly sowie den Kindern Werner, Friedrich und Mathilde dauerhaft bewohnen. Wilhelm von Siemens war damit der letzte private Besitzer von Biesdorf, ehe das ganze Gut schließlich 1927 an die Stadt Berlin verkauft wurde.

In den Jahren 1891–1898 wurde nicht nur die Villa in vielfältiger Weise modernisiert, sondern auch der heute noch im wesentlichen erhaltene, weitläufige Park angelegt. Den auf nunmehr insgesamt 14 Hektar Größe angewachsenen Park ließ Siemens vom späteren Berliner Stadtgartendirektor Albert Brodersen (1857–1930) als Landschaftspark im Sinne der Lenné-Meyerschen Schule entwerfen und zusätzlich einen sog. Lawn-Tennisplatz – einschließlich einem Teehaus aus Knüppelholz – sowie nördlich des schon vorhandenen und lediglich im äußeren Erscheinungsbild dekorativ ausgebauten Eiskellers einen künstlichen Parkteich anlegen.

Unter dem Architekten Paul Henschel wird der Eiskeller mit einer dekorativ geschwungenen zweiläufigen Treppenanlage aus rotem Mainsandstein umgebaut und verschönert und zugleich auf dem Plateau des Eiskellers ein von Linden gerahmter, aussichtsreicher Sitzplatz angelegt.

Brodersen selber verstand es, nicht nur im Sinne des sogenannten zonierten Landschaftsgartens, der schlossartigen Villa einen kleinen, mit Blumenbeeten und exotischen Pflanzen und Nadelbäumen ausgestatteten Pleasureground zuzuordnen, sondern er schuf zugleich ein abwechselungsreiches, gut modelliertes und wegemäßig ausgezeichnet erschlossenes Parkrelief. Er ließ dabei große, nur von wenigen Einzelbäumen bestandene Wiesen mit dichten Hainpflanzungen abwechseln und schuf so eine Abfolge sich harmonisch ergänzender Parkräume. Umfangreiche und wertvolle Laubbaumpflanzungen, bis hin zu vereinzelt im Park eingebrachte markante Blutbuchen, vermitteln bis heute das Parkgestaltungsprinzip Albert Brodersens für den Landschaftspark, nämlich eine »wirkungsvolle Verteilung von Licht und Schatten« zu erzielen sowie schöne Blickbeziehungen, nicht zuletzt zur dominanten Turmvilla, dem malerischen Eiskeller, aber auch in die Tiefe der damals noch offenen Landschaft zu ermöglichen.

Eine vom Bahnhof zur Villa führende repräsentative Lindenallee, im wesentlichen erhalten, führt im übrigen noch immer auf die Säulenvorfahrt des Haupteinganges zu.

Nach dem Zweiten Weltkrieg gab es starke Tendenzen, den Schlosspark in einen Volkspark mit diversen Freizeiteinrichtungen nach Plänen des Gartenarchitekten Johannes Mielenz zu verwandeln, nachdem es schon 1946/47 auf Veranlassung der sowjetischen Militäradministration zur Anlage eines Notfriedhofes für die Beisetzung von gefallenen Rotarmisten im südlichen Parkbereich gekommen war. Leider wurde in der Tat 1955/56 eine raumgreifende Freilichtbühne realisiert und ein Bühnen- und Sanitärgebäude sowie ein Freischwimmbecken errichtet. 1973 beschloss schließlich der Rat des Bezirkes Lichtenberg eine sog. »Rekonstruktion« des Schlossparks, und das Institut für Denkmalpflege der DDR erläuterte 1978 in einer Stellungnahme die besondere Bedeutung des Bau- und Gartendenkmal-Ensembles und veranlasste 1979 die Eintragung in die Bezirksdenkmalliste. 1984 legte das Institut für Denkmalpflege eine »denkmalpflegerische Zielstellung für den Park am Kulturhaus Biesdorf« vor, nachdem zeitgleich mit ersten Restaurierungsmaßnahmen begonnen wurde, die dann nach der Wende ab 1992 von der Berliner Gartendenkmalpflege in enger und guter Kooperation mit dem bezirklichen Naturschutz- und Grünflächenamt intensiv fortgesetzt wurden. Schon 1991/92 konnte infolgedessen, entlang dem stark befahrenen Blumberger Damm, der wertvolle Schlosspark als erste Maßnahme eine Lärmschutzmauer erhalten.

Weitgehend in den 90er Jahren konnte im übrigen nicht nur das gesamte Wegenetz überholt, sondern auch der teilweise überalterte Baumbestand verjüngt und die wichtigen artenreichen Wiesen wieder freigelegt werden. Vor allem galt es aber auch den wertvollen Eiskeller in Verbindung mit dem Schlossteich in Gänze wiederherzustellen und den Pleasureground mit seinen besonderen Pflanzungen und Blumenbeeten neuerlich herauszuarbeiten. Anstelle des überlieferten Tennisplatzes wurde ein heute gerne besuchter, heckengesäumter Ruhe- und Lesegarten, in Verbindung mit dem 1989 rekonstruierten Teehaus aus Robinien-Knüppelholz angelegt. Darüber hinaus konnte der kleine mit Reet bedeckte Parasol am Schlossteich wiederhergestellt werden.

Die starke soziokulturelle Nutzung des Schlosses, in Verbindung mit den vielfältigen Aufenthaltsmöglichkeiten, die der inzwischen vorbildlich restaurierte Schlosspark wieder bietet, verleiht Biesdorf heute einen ganz besonderen Stellenwert im Kulturleben des Bezirkes Marzahn-Hellersdorf von Berlin. Die gemeinsam vom Bezirk und dem Landesdenkmalamt Berlin nach der Wende ungemein erfolgreich vorangetriebene Instandsetzung des Parkes erfährt nun seine Vollendung durch die umfangreiche Generalinstandsetzung des Schlosses und die inzwischen realisierte bauliche Ergänzung des jahrzehntelang fehlenden Obergeschosses.

Teehaus im Schlosspark

Gutspark Mahlsdorf

Ganz am östlichen Rande Berlins an einem alten Handelsweg, der heutigen Bundesstraße 1 in Richtung Frankfurt an der Oder, liegt im Bezirk Marzahn-Hellersdorf das bekannte, durch Lothar Berfelde (Charlotte von Mahlsdorf) 1960 im historischen Gutshaus eingerichtete Gründerzeitmuseum.

Urkundlich wird »Maltersdorf« als Rittersitz schon um 1345 erwähnt und erfährt im Laufe der Jahrhunderte eine sehr wechselvolle Geschichte. Auch wenn wir wissen, dass das Gut 1678 an Kurprinz Friedrich III., den späteren König Friedrich I. in Preußen verkauft – und es nun bis 1811 als Vorwerk des königlichen Amtes Köpenick von Pächtern bewirtschaftet wird – können wir davon ausgehen, dass das Gutshaus selber in seiner heutigen schlichten, an die Landbaukunst von Carl Gotthard Langhans erinnernden Form, erst um 1815 – nachdem das Gut seit 1811 in privaten Besitz gekommen ist – errichtet worden ist. Vorher hatte man das ältere, aus Fachwerk bestehende Gutshaus komplett abgerissen.

1880 erwirbt der vormalige Administrator des Gutes Hermann Schrobsdorff das gesamte Anwesen, dessen Garten im 17. und 18. Jahrhundert vorrangig als Weinberg genutzt wurde. Er reduziert den Nutzgarten deutlich zugunsten eines sich nun vor der gesamten Breite des Gutshauses entlang des Hultschiner Dammes erstreckenden parkartigen Gartens. Bis zu seinem Tode im Jahr 1892 wird dieser kleine landschaftliche Park von ca. 18.000 Quadratmetern vollendet. Er gliedert sich in mehrere Bereiche, wie einen kleinen hausnahen Pleasureground sowie den mit großzügig landschaftlich geschwungener Wegeführung erschlossenen eigentlichen Landschaftspark, und einen Obst- und Gemüsegarten.

Da weder ein Entwurfsplan noch eine ausführende Firma des Garten- und Landschaftsbaus bekannt bzw. überliefert sind, kann man davon ausgehen, dass der genannte gründerzeitliche Gutsgarten noch ganz in der für das 19. Jahrhundert in Preußen verbindlichen Tradition eines landschaftlichen Gartens weitgehend nach den Angaben von Hermann Schrobsdorff angelegt worden ist. Auch nach dem Verkauf des genannten Besitzes im Jahr 1919 an die Stadt Berlin, Kreis Lichtenberg, blieb der Garten weitestgehend in seiner landschaftlichen Form erhalten.

Nach jahrelangem Leerstand übernimmt Ende der 1950er Jahre schließlich die stadtbekannte Sammlerin von altem Haushaltsgegenständen Charlotte von Mahlsdorf (Lothar Berfelde) das schon ziemlich ruinöse Gutshaus mit dem heruntergekommenen kleinen Park vom Berliner Magistrat und eröffnet im Jahr 1960 das einzige privat geführte Museum in der damaligen DDR. Sie rettet damit das wertvolle Gutshaus vor dem völligen Verfall und gibt dem Haus mit einer musealen Nutzung, die noch heute als Gründerzeitmuseum fortbesteht, eine auch denkmalpflegerisch sinnvolle Nutzung. Charlotte von Mahlsdorff versuchte, auch dem parkartigen Garten wieder ein ansprechendes Äußeres zu verschaffen, Unter Einbeziehung des Gartenamtes Hellersdorf wurden schon 1978 erhebliche »Rekonstruktionsarbeiten« im Park vorgenommen – nachdem 1978 Gutshaus und Gartenanlage unter Denkmalschutz gestellt worden sind. Sogar schon 1949 gab es erste Instandsetzungsinitiativen nach Plänen des Gartenamtsleiters von Lichtenberg, Johannes Mielenz, und 1987 schließlich durch das Grünflächenamt Hellersdorf. Jedoch erst eine nach der Wende von der Gartendenkmalpflege initiierte

Gutshaus Mahlsdorf

wissenschaftlich konservatorisch begründete und gut vorbereitete gartendenkmalgerechte Grundinstandsetzung, basierend auf der um 1900 überlieferten gartenhistorischen Leitebene, konnte dann in den Jahren 1993–1996 den Garten grundlegend erneuern und wiederherstellen helfen.

Treptower Park

Der Treptower Park ist der zweite von insgesamt vier Volksparks, die im 19. Jahrhundert in Berlin angelegt wurden. Namentlich der von Gustav Meyer (1816–1877) geschaffene Treptower Park gilt als richtungweisende grünplanerische Initiative.

Bereits im 18. Jahrhundert war die Gegend um Treptow ein beliebtes Ausflugsziel der Berliner. Schon zu Beginn des 19. Jahrhunderts legte der Magistrat einen kleinen Park vor dem Schlesischen Tor, dem sog. Schlesischen Busch an, von dem auch schon damals eine drei Kilometer lange Allee zu einem städtischen Gasthaus gegenüber Stralau führte, wo sich wiederum eine weiterer, kleiner Park anschloss.

Beide Parkanlagen gehörten zu den frühesten kommunalen Parkanlagen Berlins. Das zur Spree hin ausgerichtete Gasthaus (später Gasthaus Zenner) mit schönen Aussichten über die Spree auf die Stralauer Halbinsel mit ihrem markanten neugotischen Kirchturm war nicht nur bei den beliebten Volksfesten, wie dem »Stralauer Fischzug«, ein gern aufgesuchter Treffpunkt. Hier fanden auch Feste und Bälle der vornehmen Gesellschaft statt. Die Spree aufwärts schloss sich das beliebte Gasthaus »Eierhäuschen« im Plänterwald an.

Gustav Meyer fertigte schließlich zwei kaum voneinander abweichende Entwürfe an: sie enthielten beide im Zentrum der Grünanlage eine große, in Form eines Hippodroms gestaltete Spielwiese, die Berlins erster »betretbarer« und bespielbarer Rasen werden sollte. In der zentralen Lage und der bedeutenden Größe des gewaltigen Spielplatzes manifestieren sich eindringlich die nunmehr völlig gewandelten Vorstellungen der neuen und auf aktive Benutzung ausgelegten Volkspark-Ideen Gustav Meyers.

Der etwa 90 Hektar große Park wurde schließlich ab 1876 ausgeführt, konnte jedoch erst unter Meyers Nachfolger Hermann Mächtig (1837–1909) vollendet werden. Der Treptower Park wird noch heute durch vier große Parkbereiche charakterisiert. Im großen, südlich der Puschkinallee liegenden Parkteil befindet sich die landschaftliche Wiese mit ihren kulissenartig angeordneten Gehölzgruppen und vorgepflanzten Solitärs, an den sich der etwa 450 Meter lange hippodromförmige Spielplatz – das heutige Sowjetische Ehrenmal – anschließt. Ebenfalls im südlichen, wiederum landschaftlich gestalteten Bereich wurde 1880 der buchtenreich ausgezogene Karpfenteich angelegt. Östlich der mit Platanen aufgepflanzten Puschkinallee entstanden immer wieder neue Sondergärten, stets Bezug zur nahen Spree nehmend.

Zu erheblichen Eingriffen sollte es nach dem Zweiten Weltkrieg kommen, als in den Jahren 1946–1949 im Parkzentrum, im großen Hippodrom, das Sowjetische Ehrenmal als zentrale Gedenkstätte für die im Krieg gefallenen sowjetischen Militärangehörigen angelegt wurde. Etwa 7.000 Soldaten und Offiziere von insgesamt ca. 22.000 bei der Eroberung Berlins gefallenen Rotarmisten haben hier ihre Grabstätte. Eingefasst durch längst ausgewachsene Platanenalleen und markante Säulen-Pappeln sowie einer massiven gusseisernen Einfriedung, erreicht man das große, denkmalgeschützte Ehrenmal sowohl von der Puschkinallee als auch von der Straße am Treptower Park aus durch zwei große steinerne Triumphbögen, um sich dann in eine ganz eigenständige Welt zu begeben, die alleine schon mit ihrer Größe von 200.000 Quadratmetern deutlich macht, das man sich in der größten der drei Berliner Gedenkstätten für sowjetische Soldaten be-

Rosengarten im Treptower Park

findet. Inzwischen konnte in den Jahren 1999 bis 2009, mit erheblicher Bundesförderung, die ganze Anlage mit ihren aufwendigen Baulichkeiten und Skulpturen, wie der gewaltigen Figur eines Sowjetsoldaten auf einem Hügel stehend, sorgfältig und umfassend restauriert werden.

Neben dem Sowjetischen Ehrenmal waren es vor allem die Parkflächen zwischen Puschkinallee und Spree, die nach dem Zweiten Weltkrieg wiederholt neu- und umgestaltet wurden, wodurch beliebte Sondergärten wie ein Rosengarten, der »Sommerblumengarten« oder der Ausstellungsgarten »Plastik und Blumen« entstanden. Längst bildet ein 1996 von der Gartendenkmalpflege in Auftrag gegebenes Parkpflegewerk die Grundlage nicht nur für eine nachhaltige und denkmalgerechte Parkpflege, sondern auch für die schon in den 1990er Jahren beginnenden umfangreichen Instandsetzungs- und Restaurierungsmaßnahmen, in deren Zentrum nicht zuletzt die seit 2010 anhaltende Sanierung und Revitalisierung der großen Platanenallee steht. Durch partielle Nachpflanzungen gestützt, gilt auch hier das Augenmerk dem sorgfältigen Erhalt der großartigen Allee als einem authentischen Zeugnis aus der Gründungszeit dieses Volksparks.

Schlossinsel Köpenick

Das die Schlossinsel Köpenick dominierende barocke Schloss hatte mehrere Vorgängerbauten. So ist spätestens seit dem 9. Jahrhundert eine Burganlage auf der unmittelbar zur Altstadt hin gelegenen Schlossinsel nachgewiesen. Nach Beschädigungen im Dreißigjährigen Krieg erfolgte nach Plänen Rutger van Langervelts 1677–1681 der Bau des heutigen Schlosses für Kurprinz Friedrich, den späteren König Friedrich I., der von 1674 bis zu seinem Regierungsantritt 1688 seine Residenz in Köpenick hatte. Anschaulich ist noch heute, dass der Architekt das Schloss vorwiegend für die Ansicht vom Wasser und der Langen Brücke aus konzipierte.

Der mit der Fortführung des Schlossbaues beauftragte Arnold Nering (1659–1695) entwickelte Pläne zu einer Dreiflügelanlage, die jedoch nach dem Regierungsantritt Kurfürst Friedrichs III. und seinem Interesse an seiner neuen Residenz, dem Berliner Schloss, aber auch dem Bau von Charlottenburg, nicht mehr zur Ausführung kam. So entstanden lediglich noch der von Wachhäusern flankierte Portalbau an der Schlossbrücke, die dem Schloss gegenüberliegende Schlosskirche sowie das schmale Galeriegebäude.

Der Schlossgarten, auf dem südlichen Teil der Insel zum Schloss hin durch niedrige Mauern begrenzt, wurde offensichtlich erst um 1680 als barocker Garten, mit Mittelachse und seitlichen Broderieparterres, angelegt. Betreut wurde dieser Garten von einem Hofgärtner Johann Siebert. Der Garten scheint aber nach dessen Weggang – in der Zeit des sehr sparsamen Soldatenkönigs – dann schnell vernachlässigt worden zu sein. Erst mit der neuen Einrichtung einer Residenz für Prinzessin Henriette Marie von Brandenburg-Schwedt, der das Schloss Köpenick 1748 als Witwensitz zugewiesen wurde, kehrte auch ein neues Interesse am Garten und seiner Pflege zurück.

Dem Tod der Erbprinzessin folgte ein längerer Leerstand des Schlosses. Dies führte nach 1782 zu neuerlichen Erhaltungsproblemen im Schlossgarten, die erst nach dem 1804 erfolgten Ankauf der Schlossinsel durch Friedrich Wilhelm Graf von Schmettau (1743–1806) ihr Ende fanden. Schmettau, der in der Zeit der Aufklärung zu den vorbehaltlosen Förderern der neuen, landschaftlichen Gartenkunst in Preußen gehörte, legte schon ab 1779 in Garzau, im Havelland, einen weiträumigen Landschaftspark mit der berühmten Pyramide aus Feldsteinen an. 1802 sollte er jedoch Garzau zugunsten von Köpenick verkaufen, nachdem Königin Luise zuvor auf das Schloss Köpenick als möglichen Witwensitz verzichtet hatte.

Schmettau beginnt dann auch gleich nach dem Erwerb der Schlossinsel mit der Verlandschaftung des noch immer barocken Gartens. Sein in der Schlacht von Jena und Auerstedt 1806 erlittener Tod setzt jedoch diesen Arbeiten ein jähes Ende, es wurden lediglich noch in unmittelbarer Schlossnähe einige Veränderungen durchgeführt, wie die Anlage von zwei erst vor wenigen Jahren von der Gartendenkmalpflege wiederhergestellter Pflanzinseln im Ehrenhof.

Unter Federführung des Köpenicker Stadtgartendirektors Helmut Lichey (1910–1991) wurde dann der Landschaftspark 1962–1964 unter dem Motto »Insel der Immergrünen« neu- und umgestaltet. Nach der Wende konnte im Zusammenhang mit der Generalsanierung von Schloss, Kapelle und Nebengebäuden in den Jahren 1994–2004 auf Grundlage eines Parkpflegewerkes auch der große Schlossgarten mit seinen Teilbereichen, wie dem Schlosshof, nach gartendenkmalpflege-

Schloss Köpenick

rischen Grundsätzen überholt und instandgesetzt werden. Es wurde nicht nur der Ehrenhof mit wertvollem alten Plötzkyer Mosaik neu gepflastert, die historisch überlieferten ovalen Schmuckbeet-Rondelle neu angelegt, sondern auch eine Doppelreihe kastenförmig geschnittener Linden an Stelle des nie verwirklichten Corps de Logis aufgepflanzt. So vermittelt die Schlossinsel Köpenick zwar kein barockes Gartenerbe mehr, aber seit dem Abschluss der gartendenkmalpflegerischen Arbeiten im Jahr 2014 doch wieder die Vielfalt der diese Schlossinsel seit der Zeit Graf Schmettaus prägenden, ganz unterschiedlichen Gartensetzungen.

SÜD

SÜD

- Neukölln
- Schöneberg
- Tempelhof
- Steglitz
- Zehlendorf

Körnerpark

Der ca. 3,6 Hektar große Körnerpark gehört zu den bedeutendsten Parkanlagen im Bezirk Neukölln von Berlin. Er verdeutlicht in überzeugender Weise die monumental-architektonischen, neobarocken Gestaltungstendenzen in der Gartenkunst des frühen 20. Jahrhunderts.

Das Terrain der späteren Parkanlage war ursprünglich eine Kiesgrube, die Franz Körner (1838–1911) gehörte, dem größten Kiesgrubenbesitzer Neuköllns. Nach erfolgreicher Ausbeutung der Grube zwischen Jonas- und Schierkerstraße, aus denen das Baumaterial für viele der damals neu errichteten Häuser in Berlin gewonnen wurde, übergab Franz Körner diese ca. 6–8 Meter tiefer als das umgebende Straßenland gelegene Grube dann 1910 an die Stadt Rixdorf. Diese Schenkung verband er mit der Auflage, dort einen Park anzulegen und diesen nach ihm zu benennen.

Mit dem Entwurf, mehr noch der Ausführung, wurde die Leitung der städtischen Gartenverwaltung beauftragt, jedoch unter örtlicher Verantwortung und Federführung des im Rixdorfer Gartenamt angestellten Diplom-Gartenmeister Hans Richard Küllenberg. Nach eingehenden Beratungen konnte schließlich 1913 mit den Arbeiten begonnen und diese schließlich 1916 beendet werden.

Während Planung und Ausführung der Parkanlage offensichtlich weitgehend in den Händen Küllenbergs lagen, war für die umfangreichen Baulichkeiten der bekannte Rixdorfer Stadtbaurat Reinhold Kiehl (1874–1913) verantwortlich. Ausgehend von der Beibehaltung der höchst bemerkenswerten Tiefenlage des Parks und der notwendig werdenden Errichtung zahlreicher massiver Stütz- bzw. Futtermauern nutzte man die enormen Höhenunterschiede zur Errichtung des monumentalen, fast die ganze Parkbreite einnehmenden Orangeriegebäudes, außerdem von vier großzügigen Treppenanlagen, einer umfangreichen Brüstungsmauer mit aufgesetzten Balustraden sowie einer repräsentativen Kaskadenanlage im Osten des Parks. Durch den ganzen Park zieht sich im übrigen das Wasserthema im Form von Kanälen, die ihren Ursprung in einem großen Fontänenbassin zu Füßen der Kaskadenanlage haben.

Das große Rasenparterre war von Anfang an beidseitig mit ursprünglich geschnittenen Platanen bepflanzt, während die Kanäle mit Irisstauden gesäumt waren und vier Skulpturen in direkter Blickbeziehung zur Orangerieterrasse – die vier Jahreszeiten versinnbildlichend – in einer Rabatte aus remontierenden Rosen standen. Skulpturalen Schmuck gab es auch an anderen Stellen des Parkes, nicht zuletzt zwei auf Delphinen reitende Knaben sowie eine große Anzahl von Blumen- und Fruchtkörben aus Kunststein, die u. a. die Treppenwangen der Wasserkaskade zieren.

Der Park blieb glücklicherweise weitgehend erhalten, wurde nach geringen Beschädigungen im Zweiten Weltkrieg wieder instandgesetzt.

Der Körnerpark litt jedoch jahrelang darunter, dass er in der Einflugschneise des Flughafens Tempelhof lag. Infolge dieser anhaltenden massiven Beeinträchtigung waren schließlich seit den 1970er Jahren erste Verfallserscheinungen zu beobachten.

Nach jahrelanger Diskussion um die Zukunft der Anlage und aufgrund anhaltender Kritik der Anwohnerschaft, die den Park in der alten Form als ruhige Erholungsstätte wiederhergestellt wissen wollte, wurden schließlich ab 1977 die erforderlichen Mittel bereitgestellt.

Die umfassende Sanierung und Restaurierung der Parkbaulichkeiten konnte schon Ende

Körnerpark

der 1970er Jahre vom bezirklichen Hochbauamt durchgeführt werden, erste gartendenkmalpflegerische Maßnahmen schlossen sich 1980/81 an. Der Gartendenkmalpflege war es hierbei wichtig, auch den das Erscheinungsbild der neobarocken Parkanlage einst dominierenden skulpturalen Schmuck vollständig wiederherzustellen. Alle diese Skulpturen tragen längst wieder zum besonderen und unverwechselbaren Charakter des Körnerparks bei.

Im Rahmen der hochbaulichen Sanierungsmaßnahmen wurde auf Bitten des Bezirksamtes Neukölln entschieden, dass die Orangerie als solche zu erhalten und zu restaurieren ist, aber zukünftig eine neue Funktion als »Galerie im Körnerpark« zu erfüllen habe.

Nicht instandgesetzt werden konnte in der ersten Sanierungsphase die Wasserkunst- und Wassertechnik. Diese Arbeiten wurden schließlich im Rahmen eines Brunnensanierungsprogramms im Jahr 2001 durchgeführt. Das damit auch im Detail korrekt wiederhergestellte Wasserbild konnte schließlich 2002 der Öffentlichkeit vorgestellt werden.

Gutspark Britz

Der erste für die Geschichte des Herrenhauses von Britz und des dazugehörenden Gartens bedeutende Besitzer ist Samuel Chwalkowo von Chwalkowski. Ihm gelingt es 1699, die der kurfürstlichen Amtskammer sowie die noch der Witwe des letzten Namenträgers der uradligen Familie von Britz, des Hauptmannes Hans Heine von Britzke gehörenden Gutsanteile zu kaufen. Das im baufälligen Zustand befindliche alte Fachwerk-Gutshaus, ein 1547 von Georg von Britzke erbautes und von einem Wassergraben umgebenes Fachwerkgebäude, ersetzt er durch einen festen, aus Stein gemauerten Neubau.

Die eigentliche Inbesitznahme und Freude am neu errichteten Haus und Garten sollte dann jedoch erst seinem Schwiegersohn, Sigismund von Erlach, Königlicher Hofmarschall und Kommandant der »Hundertschweizer-Garde« gelingen, der in erster Ehe mit Chwalkowskis Tocher Dorothea Charlotte verheiratet war.

Von Erlach gehörte jedoch zu denjenigen Hofbeamten, die aufgrund ihrer prunksüchtigen Lebensführung unmittelbar nach der Thronbesteigung Friedrich Wilhelm I. 1713 umgehend aus ihren Ämtern entfernt wurden. Dies hatte zur Folge, dass von Erlach das Rittergut noch im gleichen Jahr an den Vormund seiner Kinder, Friedrich Wilhelm Reichsgraf von Schwerin (1678–1727) verkaufte, der das Rittergut jedoch nur sechs Jahre lang bewirtschaftete.

Durch den Erb-Kauf-Vertrag zwischen ihm und dem Königlichen Preußischen Wirklichen Geheimen Etats- und Kriegsminister Heinrich Rüdiger von Ilgen (1654–1728), abgeschlossen am 30. April 1719, wissen wir, dass Ilgen für das Rittergut Britz 36.000 Taler bezahlte und zum Besitz u. a. auch »Statuen, Orangerie, Gewächse« gehörten.

Aus der knapp zehn Jahre dauernden »Ilgen-Herrschaft« in Britz von 1719–1728 sind keine nennenswerten Maßnahmen im Garten selbst überliefert, obgleich wir wissen, dass das weltoffene Ehepaar Ilgen eine Vorliebe für exotische Gewächse verband.

Nach Ilgens Tod erben seine beiden Töchter, Charlotte Louise, verheiratete Reichsfreifrau zu Inn- und Knyphausen (1698–1751), und Constantia Henriette Gräfin von Pückler/Branitz (1702–1747) das Gut Britz.

Schon kurze Zeit später, d. h. mit Vertrag vom 17. Juni 1729, überlässt Constantia Henriette von Pückler für 15.000 Reichstaler ihrer älteren Schwester das ihnen beiden zu gleichen Teilen durch die väterliche Erbschaft zugefallene Gut.

Nach dem schon sehr bald erfolgten, mit nur 53 Jahren frühen Tod ihres Gatten, des Wirklichen Geheimen Etats- und Kabinettsminister Friedrich Ernst Reichsfreiherr zu Inn- und Knyphausen (1678–1731) im Jahr 1731 wird Charlotte Luise zu Inn- und Knyphausen, geb. Freiin von Ilgen, alleinige Besitzerin des Gutes. Sie regiert nun genau zwanzig Jahre in Britz, pflegt und entwickelt den ihr lieb gewordenen Besitz mit großem Eifer und so außerordentlichem Erfolg, dass er nach ihrem Tode 1751 auf einen Wert von 48.000 Talern angestiegen ist.

Ihre Tochter und Erbin Hyma heiratet schließlich Ewald Friedrich Graf von Hertzberg (1725–1795), unter dem der Gutsgarten im Zeitalter der Aufklärung einen nochmaligen erheblichen Bedeutungszuwachs erhalten sollte.

Schon im Jahr der weitgehenden Übernahme von Britz lässt Hertzberg das Herrenhaus auf 11 Achsen vergrößern und die Repräsentationsräume des Hauptgeschosses im Geschmack der Zeit ausstatten. Bekannt ist, dass sowohl sein Palais in der Oberwallstraße als auch sein Landhaus in Britz und der Britzer Gutsgarten als die »kultiviertesten Stätten Berlins« galten.

Durch die vom Königlichen Geheimen Oberbaurat David Gilly (1748–1808) 1764 angefertigte Separationskarte des Dorfes Britz gibt es erstmalig genaue Informationen über Lage, Größe und Aussehen der Guts- sowie der Dorfaue, namentlich des hier besonders interessierenden Gutsgartens.

Die Separationskarte – die früheste uns bekannte Plandarstellung von Haus, Garten, Dorflage und Feldflur – zeigt im übrigen, dass die bis unmittelbar an den Garten reichenden Felder ebenfalls durch Alleen gegliedert waren und auch die ›Dorfaue‹ Britz mit einer Allee versehen war, die, lediglich im Bereich des Schlosses unterbrochen, den schönen Blick vom Herrenhaus auf den »Kirchen-Pfuhl« sowie Kirche und Pfarrhaus freigab. Somit konnte Hertzberg auch das für ihn direkt am Dorfteich errichtete kleine »Lusthaus« sehen, über dessen Aussehen wir durch den Maler Ch. B. Rode (1725–1797), Schüler Antoine Pesnes und ab 1782 Direktor der Akademie der Künste Berlin, unterrichtet sind.

Entscheidend war für Hertzberg vor allem der praktische Nutzen, den er aus seinem Gut zog. Alles was der Ertragssteigerung diente, versuchte er umzusetzen. Keine Fläche des inzwischen 5000 Morgen großen Gutes war ungenutzt. Hertzberg führte die Vierfelderwirtschaft ein, hielt als Nutztiere vor allem Merino-Schafe, zahlreiche Milchkühe, baute Weizen, Staudenroggen, Tabak, Kartoffeln, aber auch die von England her eingeführten Futterkräuter, wie Klee und Luzerne an, und förderte ab 1765 intensiv den Landseidenbau, also den Anbau von Maulbeerbäumen zur Aufzucht der Seidenraupen.

Auch die Erben Ewald Friedrich von Hertzbergs haben namentlich am barocken Garten kaum entscheidende Veränderungen vorgenommen, zumindest haben sich bis in die 20er Jahre des 19. Jahrhunderts die traditionellen orthogonalen Gartenstrukturen vom Gutshaus her erhalten. Erst unter dem Besitzer Jean Charles Jouanne (1800–1875) kommt es nicht nur zu erheblichen Neuerungen am Gutshaus selber, sondern in der Hochzeit des klassischen, durch Peter Joseph Lenné geprägten landschaftlichen Gartens auch zu entsprechenden Veränderungen in dem bis dahin barocken Gutsgarten.

Nach dem Tod Jouannes im Alter von 57 Jahren erwirbt Britz nach mehrmaligem Besitzerwechsel schließlich Wilhelm August Julius Wrede (1822–1895), Kaufmann und Fabrikbesitzer in Berlin.

Es kommt in der »Wrede-Zeit« unter Zuhilfenahme des Architekten Carl Busse (1834–1896) wiederum zu erheblichen Um- und Anbauten sowie zu einer neuen zeitgemäßen Innenraumgestaltung. Das, was sich schon in der »Jouanne-Zeit« andeutet, wird nun konsequent weiter verfolgt, d.h. die mit kleinkronigen Rotdornbäumen besetzte Auffahrt zum Gutshaus wird beibehalten, jedoch so erhöht, dass man nun das herrschaftliche Gebäude nicht mehr vom früheren Erdgeschoß her betritt, sondern man erreicht die »Beletage« nunmehr auch von der Dorfseite her direkt über ein repräsentatives Mittelportal, welches Teil eines neuen, risalitartig ausgebildeten Vorbaus wird, der im Übrigen im Obergeschoß zusätzlich einen dekorativen Balkon erhält.

Zu Park-Umgestaltungen im Garten sollte es dann noch einmal ab 1887 kommen, als der Wredesche Obergärtner Nahlop für über zwei Jahrzehnte dem gründerzeitlichen Garten in Britz ein neues zeitgemäßes Aussehen und hohes Ansehen verschaffte.

Zu den Besonderheiten jener Zeit gehören vor allem die im Garten – vornehmlich in Gutshaus-Nähe – dekorativ verteilten Palmengruppen und zahllosen weiteren exotischen Pflanzen, wie auch eine Vielzahl von Teppichbeeten, die jahreszeitlich wechselnd bepflanzt werden.

Der Tod von Auguste Mathilde Bertha Wrede 1918, aber auch die sich nun völlig ändernden gesellschaftlichen und Vermögensverhältnisse führten auch in Britz – wie bei einer Vielzahl anderer in den Grenzen Berlins liegender Güter – zu einem Verkauf des gesamten Besitzes an die Stadt im Jahre 1924.

Es kommt nun zu einer Bewirtschaftung als Stadtgut, eine Einrichtung, die sich nach dem Zweiten Weltkrieg bis 1956 erhalten hat, jedoch auch zu einer weitgehenden Aufsiedelung der Felder des Gutes. Es entsteht ab 1926 die weltberühmt werdende und seit 2008 als Weltkulturerbe geschützte »Hufeisensiedlung« Bruno Tauts und Martin Wagners auf den ehemals herrschaftlichen Ackerflächen. Nach der Restgutaufteilung 1956 sollte dann noch die Wohnsiedlung »Britz-Süd« entstehen.

Aus Sondermitteln zur 750-Jahr-Feier der Stadt Berlin im Jahr 1987 konnte in den Jahren 1986–1988 schließlich der gesamte noch erhaltene Gutsgarten einschließlich Vorfahrt und Gutshof durch die Berliner Gartendenkmalpflege saniert und gartendenkmalpflegerisch restauriert werden. Der Gutsgarten stellt heute eine der ganz wenigen in den Grenzen der Stadt Berlin liegenden und noch weitgehend erhaltenen Gärten dieser Art dar.

Schloss Britz (Gutshaus)

Alboinplatz

Der weiträumige Alboinplatz, ein Rundplatz mit einem Durchmesser von 240 Metern, wurde erstmalig 1908 als landschaftlich gestaltete Grünanlage geplant, als die östliche Hälfte des großen Geländes noch dem Bezirk Tempelhof gehörte. Jedoch erst um 1912 wurden diese Ideen teilweise umgesetzt und zumindest eine ovale Spielwiese im Nordwesten realisiert. Der Teich in der Senke wurde zum Baden genutzt und außer den Wiesen gab es im Übrigen nur Kleingärten. Ende der 1920er Jahre bat dann der Schöneberger Garteninspektor Hupe den Gartenarchitekten Erwin Barth (1880–1933), Entwurfsvorschläge für den nun gänzlich dem Bezirk Schöneberg gehörenden Naturraum zu entwickeln.

Die 1930 von Barth vorgelegten Neuplanungen basierten auf einem Konzept, das einerseits den wertvolle Naturraum, das heißt die landschaftlichen Wiesenabhänge zum zehn Meter tiefer gelegenen Teich, weitgehend erhielt, der große Platz selber aber zum Stadtraum hin mit streng geführten Alleen ebenso wie die vier Eingänge ebenfalls geometrisch-baulich gefasst wurden.

Die 1931/32 schließlich umgesetzte Planung von Erwin Barth wies dann in der Tat die architektonisch formulierten Raumkanten, Terrassenplätze und Sondergärten auf. Vom Rundweg erlebt man jedoch den tiefer gelegenen sagenumwobenen Pfuhl mit seinem pflanzlich reich ausgestatteten Feuchtbiotop und hat noch immer den Ein-

Alboinplatz

Auerochsen-Skulptur

druck eines mitten in der Großstadt erhaltenen eiszeitlichen Naturraums.

Infolge bestimmter städtebaulich-verkehrlich bedingter Änderungen in den folgenden Jahren wurden zwar Barths Planungsideen grundsätzlich erhalten, so die beiden Aussichtsplätze in der Nord-Süd-Achse des Platzes, oder die rahmenden Baumreihen, jedoch die geometrischen Plätze des Ost- und Westeinganges wurden verändert. Parkinspektor Hupe kürzte die 80 Meter lange Zugangsallee des Nordeingangs auf ein Drittel, und erweiterte sie platzartig zur Straße hin und konzipierte abschließende Torhäuser. Der schlichte Rasenspiegel wurde zugunsten eines großzügigen Weges mit begleitenden Rabatten umgeändert. Heute rahmt die nördliche Zugangsallee eine 2003 erneuerte Pergola, die zu einem Aussichtsplatz am Durchgangsweg mündet. Von diesem Platz aus schweift der Blick auf das Südplateau, wo seit 1936 die gewaltige, vom Bildhauer Paul Mersmann d. Ä. (1903–1975) aus bossiertem Rüdersdorfer Kalkstein geschaffene Skulptur eines monumentalen Auerochsen steht.

Die große Plastik – mit Anklängen an altmesopotamische Kunst – nimmt direkten Bezug zum eiszeitlichen Sprudelloch »Der Blanken Helle« im Talgrund und erinnert an die längst ausgestorbene, früher hier heimische Tierrasse der Auerochsen. Auf Betreiben und in Verantwortung der Gartendenkmalpflege konnte die stark überarbeitungsbedürftige Kalksteinfigur in den Jahren 2003–2005 vollständig saniert und restauriert werden.

Ceciliengärten

Die leider wenig bekannten Ceciliengärten in Schöneberg gehören zu den besonders schönen und fast intimen Parkanlagen dieses Bezirkes, die von der hohen Gartenkultur der bis 1920 selbständigen Gemeinde Schöneberg berichten. Grundlage für die Siedlung Ceciliengärten war ein Bebauungsplan des Stadtbauinspektors Paul Wolf (1879–1957), den er 1912 aufstellte. Die Grünanlage stammt hingegen vom damaligen Berliner Stadtgartendirektor Albert Brodersen (1864–1953) und dem Architekten Heinz Lassen (1864–1953). Auf der damals sehr populären, aus England kommenden Gartenstadtidee aufbauend sollte hier eine ruhige Wohnanlage mit ausgesprochenem Garten- und Parkcharakter für das gehobene Bürgertum entstehen.

Durch den Ersten Weltkrieg im Bau unterbrochen, konnte die weiträumige Wohnanlage in der Nähe des Innsbrucker Platzes schließlich unter der Leitung von Heinz Lassen in den Jahren 1924–1926 vollendet werden.

Im Zentrum der dreigeteilten Anlage befindet sich das große, von Kastanien gesäumte Rasenparterre, erschlossen durch linear geführte Wegeachsen, zum Rasen hin mit Rosenrabatten gesäumt. Im Parterre stehen, weithin sichtbar, zwei überlebensgroße Bronzeplastiken, weibliche Aktfiguren von Georg Kolbe »Der Morgen« und »Der Abend«, den Sonnenauf- und den Sonnenuntergang versinnbildlichend. Die beiden künstlerisch besonders wertvollen Statuen konnten nach ihrer Restaurierung und im Zusammenhang mit der grundlegenden gartendenkmalpflegerischen Instandsetzung der Ceciliengärten 1990 neuerlich an ihrem angestammten Platz im Rasenparterre der Ceciliengärten aufgestellt werden.

Im Süden der Anlage dominiert in einem erhöht liegenden kleinen Platz ein ovales Wasserbassin mit seinem weithin leuchtenden Springstrahl. Von den ursprünglich sehr hohen Heckenwänden, die diesen kleinen »Fontänengarten« raumkünstlerisch einhegten, ist jedoch so gut wie nichts mehr da. Erhalten haben sich lediglich die Brüstungsmauern zum tiefer gelegenen Rasenparterre, das man über eine bequeme Steintreppe, dekoriert mit Steinkugeln, gut erreichen kann.

Im Norden der langgestreckten Grünanlage befindet sich der dritte Sondergartenbereich, ein von niedrigen Hecken gesäumter Kinderspielplatz, in dessen Zentrum sich der von Paul Wolf konzipierte Fuchsbrunnen mit der von Max Esser (1885–1945) geschaffenen Tierplastik befindet.

Ceciliengärten

Rudolph-Wilde-Park

Der Rudolph-Wilde-Park entstand 1909–1912 unter Leitung des Schöneberger Stadtbaurates Friedrich Gerlach (1856–1938), der im ehemaligen eiszeitlichen Talzug des Großen Fenns – dessen morastiger Untergrund keine größere Bebauung zuließ – einen Park anlegen ließ.

Vorgaben eines ausgeschriebenen Wettbewerbes waren »die Schaffung eines Stadtparkes im Charakter einer natürlichen Landschaft«, aber auch eine gehörige Berücksichtigung der den Park querenden U-Bahn Linie. Beteiligt hatte sich u.a. der damals schon in Köln als Gartenbaudirektor angestellte Fritz Encke (1861–1931), dessen mit einem 2. Preis ausgezeichneter Entwurf zur Ausführung vorgesehen wurde. Die Ausschreibung verlangte im Übrigen den Verzicht auf »größere Spielplätze sowie umfangreiche regelmäßige Blumenbeete, und die Schöneberger Kunstdeputation forderte, dass der Ostteil des Parks strenger und parkähnlicher gestaltet werden sollte«.

Ausgeführt wurde der Park schließlich nach einem Ausführungsplan der Stadt Schöneberg, der sich im regelmäßigen östlichen Parkteil am angekauften Entwurf des Leipziger Gartenarchitekten J.P. Grossmann und im westlichen, landschaftlichen Park am Entwurf Fritz Enckes orientierte. Beide dann ausgeführten Entwürfe zeichneten sich durch eine Betonung des damals noch in der Planung begriffenen U-Bahnhofes von Emil Schaudt (1871–1957) aus.

Der sehr repräsentative östliche Parkteil von Grossmann wird bestimmt durch eine hufeisenförmige Promenade mit dem zum U-Bahnhof hin abgesenkten großen Rasenspiegel im Zentrum und den rahmenden, längst ausgewachsenen großen Platanen. Der an der Stirnseite in einem großen Wasserbassin stehende Hirschbrunnen von August Gaul (1869-1921) nimmt Bezug zum Wappentier der Stadt Schöneberg. Die vier auf dem U-Bahnhof stehenden, nach Ideen von Schaudt aus Muschelkalk gehauenen Figurengruppen »Triton mit Nymphen« vom Bildhauer Richard Guhr (1873–1956) stellen einen gut nachvollziehbaren Bezug zur ursprünglich sehr gewässerreichen Gegend des eiszeitlichen Fenns her.

Jenseits des Bahnhofes, auf der Westseite, dominiert dagegen eindrucksvoll der großzügige landschaftliche Park, beginnend unmittelbar am U-Bahnhof mit dem durch Treppenanlagen des Bahnhofes noch streng gefassten Wasserbassin, das dann aber bald landschaftlich geformt in ein großes Wiesental, an den Rändern geschützt durch kulissenartige Gehölzpflanzungen, übergeht. Zu der anfangs nicht gewollten Freigabe des Parks für Spiel und Sport kam es dann Ende der zwanziger Jahre doch noch, als die große Wiese im Ostteil für Schulsport, aber auch als Spielwiese für Kinder freigegeben wurde.

Das schon 1986 von der Gartendenkmalpflege beauftragte Parkpflegewerk für den Rudolph-Wilde-Park war in den Jahren von 1995–1999, in Verbindung mit der Sanierung des U-Bahnhofes, die Grundlage für eine umfassende Instandsetzung. Probleme gab es vor allem durch die sich allenthalben abzeichnenden Setzungen, von denen nicht zuletzt der Hirschbrunnen und die Stützmauern des östlichen Parkbereichs betroffen waren. Es musste der Hirschbrunnen generalüberholt werden, aber auch der Ententeich komplett saniert und denkmalgerecht neu gestaltet sowie eine Naturkläranlage mit Schilf und Binsen eingebaut werden. Außerdem wurden die wichtigen Uferwege saniert und der für das Wassermanagement wichtige künstliche Bachlauf freigelegt.

Hirschbrunnen

Viktoria-Luise-Platz

Im Nordwesten Schönebergs, das 1898 Stadtrechte erhalten hatte, plante die Berlinische Bodengesellschaft ein vornehmes Wohnviertel mit repräsentativen Schmuckplätzen, so dass es schließlich zur Ausschreibung eines damals noch ganz ungewöhnlichen Wettbewerbes kam. Unter 66 eingereichten Entwürfen erhielt der aus Köln stammende, an der Königlichen Gärtnerlehranstalt in Potsdam-Wildpark lehrende und von 1903–1926 als Kölner Gartendirektor tätige Kgl. Gartenbaudirektor Fritz Encke (1861–1931) den ersten Preis.

Der junge Fritz Encke gehörte in jener Zeit schon zu den progressiven Gartenarchitekten, die sich von der als überholt angesehenen landschaftlichen Gartenkunst des 19. Jahrhunderts abwendeten und stattdessen eine Öffnung zur reformorientierten Gartenkunst forderten.

Encke stellte seinen streng geometrisch gestalteten Schmuckplatz-Entwurf unter das Motto »Ruhe«. Ihren Namen erhielt die ähnlich einem Anger gestaltete Anlage nach der 1892 in Potsdam geborenen und 1980 in Hannover verstorbenen einzigen Tochter Kaiser Wilhelm II, Viktoria Luise. Der sternförmig auf die sechs mündenden Straßen ausgerichtete Schmuckplatz erhielt eine klare Rahmung durch zwei Lindenreihen, die den Platz zum umlaufenden Verkehr hin abschirmen. Im Sinne der schon von Peter Joseph Lenné stets beachteten Haltung »Stadtbaukunst ist Raumkunst« blieb der eigentliche Schmuckplatz stets von sichthindernden Bäumen frei. Die Mitte des Platzes betont ein Springbrunnen mit seinem gewaltigen, von allen sechs auf den Platz mündenden Straßen weithin sichtbaren Springstrahl, der an Sommerabenden als »fontaine lumineuse« dem Platz bis tief in den Abend hinein festlichen Glanz verleiht.

Im Westen des Platzes steht noch immer die von Stadtbauinspektor Franz Jaffé (1855–1937) gestaltete Kolonnade mit ihren seitlich angeordneten Löwenköpfen als kleine Wasserspeier. Die ursprünglich im Osten als Pendant stehende halbrunde Marmorbank ist, im Krieg halbzerstört, leider nicht mehr repariert worden. Nach der Fertigstellung und Einweihung des Platzes am 8. Juni 1900 entstanden sehr schnell rund um den Platz herum 13 Mietswohnhäuser in höchst unterschiedlichen Stilrichtungen von Jugendstilbauten, Landhaus-Nachbildungen mit Fachwerk bis zu Gebäuden mit historisierenden, prächtig dekorierten Fassaden.

Besonders ragt das 1901/02 von Alfred Messel (1853–1909) erbaute prachtvolle Lette-Haus hervor. Die Hauptfassade des großen Baukomplexes für den schon 1866 gegründeten, damals unter dem Protektorat des Gerichtspräsidenten Wilhelm Adolf Lette stehenden Vereins zur Förderung der Berufsbildung für Frauen zeichnet sich durch eine monumentale Fassade aus. Am mächtigen Mittelportal mit gekuppelten ionischen Säulen und einem aufgebrochenen Segmentgiebel fällt vor allem die prunkvolle und höchst symbolträchtige Wappenkartusche mit drei Bienen im Zentrum auf, die als Symbol des Fleißes für die Kunsthandwerks- und Haushaltsschule stehen.

In den Jahren 1979/80 konnte der Viktoria-Luise-Platz als erster Berliner Schmuckplatz – der sich in den Nachkriegsjahrzehnten zu einem schlichten Bolz-Platz verwandelt hatte – von der gerade neu gegründeten Berliner Gartendenkmalpflege unter sorgfältiger Erhaltung der überkommenen baulichen Ausstattung gartendenkmalpflegerisch saniert werden. Nicht wiederhergestellt wurden die ursprünglich ornamentalen Beetrabatten um den Brunnen, stattdessen wurde 1980 ein verschie-

Viktoria-Luise-Platz

denfarbiges Pflasterband aus Mosaiksteinen – die alten geometrisch-runden Beetstrukturen nachempfindend – angelegt, um so ein besseres Erreichen des Brunnenrandes zu ermöglichen.

Im Zuge einer notwendig werdenden Instandsetzung des großen Brunnens einschließlich der damals desolaten Wassertechnik wurden dann 1990/91, ebenfalls auf Veranlassung des Verfassers, das wichtige, weithin leuchtende große Wasserbild sowie die Brunnenbeleuchtung wiederhergestellt sowie einige der für das Erscheinungsbild des Platzes wichtigen Vorgärten und der Jugendstil-Bahnhof von Ernst Deneke instandgesetzt.

Der stets gut gepflegte Platz, wo sich seit Jahren neben dem engagierten Grünflächenamt auch die Wall AG – ein auf Stadtmöblierung und Außenwerbung spezialisiertes Unternehmen – vorbildlich einbringt, ist seit der 1980 abgeschlossenen gartendenkmalpflegerischen Instandsetzung einer der beliebtesten Berliner Stadtplätze.

Perelsplatz

Der Perelsplatz, im Norden Friedenaus gelegen, wurde 1871 im Zuge der von Johann Anton Wilhelm von Carstenn (1822–1896) angelegten Villenkolonie, und damit als Teil des Friedenauer Freiflächensystems, als einer von vier Schmuckplätzen geplant.

Ursprünglich als oblonge Plätze konzipiert, wich dann jedoch die spätere Ausführung der Schmuckplätze erheblich von der geplanten Form ab. Der zuerst Maybach-Platz genannte spätere Perelsplatz wurde im Jahr 1907 nach einem 1905 von Fritz Zahn (1872–1947) konzipierten Entwurf gestaltet. Seit 1903 an der Königlichen Gärtnerlehranstalt in Potsdam-Wildpark tätig, gehörte Zahn als Gartenkünstler jener Zeit des Überganges von der landschaftlich geprägten zur reformorientierten Gartenkunst an. Sein Entwurf war daher von teils landschaftlich gestalteten und teils repräsentativ-geometrischen Partien, einem streng linearen, sehr funktionalen Wegenetz und erstaunlicherweise schon von einem großen Kinderspielplatz geprägt.

Jedoch schon 1908 kommt es zu einer völligen Neu- und Umgestaltung, die insbesondere eine gestalterische Betonung der Partie vor dem neobarocken, sehr repräsentativen Gymnasium als dem beherrschenden Monumentalbau am Rande des Maybach-Platzes Rücksicht nimmt. Es kommt darüber hinaus erstaunlicherweise aber auch wieder zu einer stärkeren Betonung landschaftlicher Elemente. Für einen mehr waldparkartigen Charakter wählt Fritz Zahn Bäume wie Birken, Erlen und Koniferen, und ein Wiesental gestaltet er mit Findlingen und errichtet eine malerische Schutzhütte aus Birkenstämmen.

Die heute die Fläche vor dem Gymnasium betonende, halbkreisförmig ausgebildete Rasenfläche erhält 1923 ein Kriegerdenkmal in Form eines aus Kalkstein gebildeten Obelisken, mittig in der Rasenfläche stehend. Freiwachsende Gehölze, wie Birken, Eiben und Ilex, schirmen diesen Raum zur Straße hin ab. Die ursprünglich den Maybach-Platz dominierenden Birken, wie zum Beispiel im sogenannten Birkenwäldchen, sind allerdings heute durch dunkelstämmige Bäume ersetzt, die gemeinsam mit den inzwischen ausgewachsenen Zier-und Decksträuchern ziemlich massive Strauchwülste bilden.

Zum besonderen Schmuck des östlichen Parkteils sollte der 1895 vom Bildhauer Paul Aichele (1859–1924) geschaffene neobarocke Sintflutbrunnen werden. Der vom Direktor der Berlinischen Bodengesellschaft Georg Haberland gestiftete Brunnen wurde zuerst 1909 auf dem Hamburger Platz aufgestellt, jedoch nach dem Ersten Weltkrieg, als dieser Platz im Zuge von Verkehrsregulierungsmaßnahmen verschwand, dann 1931 vom Südwestkorso hierher umgesetzt.

Hinzuweisen ist noch auf das am Nordostrand des Platzes stehende, aus einer ehemaligen Bedürfnisanstalt hervorgegangene kleine Eiscafé, im Sommer beim Publikum einen beliebten Anziehungspunkt bildend. Das sich in seiner Fachwerkarchitektur und dem Bohlenbinderdach fast biedermeierlich gebende kleine Parkgebäude stammt von Hans Altmann (1871–1965), der dieses Gebäude 1909 errichtet hatte.

Sintflutbrunnen

Renée-Sintenis-Platz

Auch der 1872 angelegte Renée -Sintenis-Platz, der damals noch Wilmersdorfer Platz hieß, gehört zur städtebaulichen Figur Friedenaus, die von Johann Anton Wilhelm von Carstenn (1822–1896) in der zweiten Hälfte des 19. Jahrhunderts geplant wurde. Der Rundplatz mit vier einmündenden Straßen bildete hierbei das östliche Pendant zu dem an der Wiesbadener Straße gelegenen Schillerplatz. Beide Schmuckplätze liegen symmetrisch zur Bundesallee, der Hauptachse der sogenannten Carstenn-Figur. Leider ging durch eine radikale Verkehrsplanung nach dem Zweiten Weltkrieg viel von dem städtebaulichen Erbe der Carstenn-Zeit verloren, so auch das Rondell des Schillerplatzes, hingegen der Renée-Sintenis-Platz glücklicherweise erhalten werden konnte.

Noch immer betonen rahmende Baumreihen und Vorgärten die städtebaulichen Vorgaben, und die mittig auf das Zentrum des kleinen Rundplatzes zuführenden Wege nehmen nicht nur die Straßenachsen auf, sondern erlauben ein rasches Queren des Schmuckplatzes. Die betont schlichte Gestaltung, wohl um 1900 zu datieren, folgt stark funktionalen Aspekten, lediglich die in westlicher Richtung, also zum Friedrich-Wilhelm-Platz hin, als point de vue gut zu erkennende große Backsteinkirche »Zum guten Hirten« verweist auf eine städtebauliche Dominante.

1955 kommt es dann unter dem Gartenarchitekten Karl Tümmler zu einer teilweisen Neugestaltung, einerseits im Sinne einer gestalterischen Vereinfachung, aber auch einer »Verbesserung« der Begehung der Wege, die nun ganzjährig nutzbar mit Bernburger Mosaikpflaster gepflastert werden, sowie zu einer Aufstellung von Sitzbänken im Mittelrondell. Die schließlich 1970 erfolgte Errichtung einer Bronzeplastik »Grasendes Fohlen« von der Bildhauerin Renée Sintenis (1888–1965) führte dann noch im gleichen Jahr zur Umbenennung des Platzes nach der bekannten und beliebten Berliner Bildhauerin.

Renée-Sintenis-Platz

Volkspark Mariendorf

Der in den Jahren 1923 bis 1935 nach Plänen des Bezirksgartendirektors Rudolf Fischer (1883–1942) angelegte Volkspark Mariendorf gehört zu den herausragenden Parkanlagen Berlins, der seine grünpolitischen Wurzeln in der reformorientierten Zeit der Weimarer Republik hat. Das ursprüngliche, von Seen und Tümpeln durchzogene Ackerland konnte mit kräftiger Förderung des Berliner Magistrates im Rahmen von Notstandsprogrammen zu einem bedeutenden bezirklichen Sport- und Erholungspark entwickelt werden. Fischer nutzte geschickt das vorhandene Naturpotential, ein vor allem durch die letzte Eiszeit geprägtes Relief einer Schmelzwasserrinne, als wichtige Grundlage einer den ganzen Park durchziehenden Ost-West-Achse, an die sich die einzelnen Parkbereiche in mehr oder weniger streng geometrisch geformten Räumen angliedern.

In diese Ost-West-Achse eingebunden ist die im Nordosten des Parks von Fischer geplante Sport-und Festwiese, flankiert von einem nördlich gelegenen Tennenplatz und einem südlichen Hockeyplatz. Gemeinsam mit einem Kinderspielplatz in der Nordwestecke bildeten diese Anlagen den ersten Abschnitt, 1935 kam schließlich noch ein großes Stadion, die »Kampfbahn«, das jetzige »Volksparkstadion« hinzu. Diese Sportanlagen mit ihren weithin sichtbar rahmenden Baumalleen aus Pyramidenpappeln und Säuleneichen bestimmen noch immer das Bild des weiträumigen Volksparks Mariendorf.

Die in den ersten Jahren von Fischer vorgelegten und auch umgesetzten Pläne waren von klaren geometrischen Formen dominiert, die ihre Entsprechung in den sich kreuzenden Freiraumachsen fanden. Es stellte sich dann aber schon bald eine gewisse Gegenbewegung heraus: so forderte der »Bürgerbund Groß-Berlin« einen Naturpark, der vorrangig für ältere Bürger Möglichkeit zum ruhigen Verweilen und zur Naturbeobachtung bieten sollte, mit der Folge, das schon 1927 mit einer landschaftlichen Umgestaltung des Blümelteiches begonnen wurde. In diese Diskussionen schaltete sich auch der damalige Groß-Berliner Stadtgartendirektor Erwin Barth ein, der 1928 einen Teilplan zur »Erhaltung der eiszeitlichen Rinnenbildungen« und im Mai 1929 einen Gesamtplan für den Volkspark Mariendorf vorlegte. Fischer griff wichtige Ideen Barths auf, so das nicht nur der Blümelteich nun an drei Seiten eine landschaftliche Gestaltung erhielt, sondern in den Jahren 1933/34 u. a. auch der Rosengarten und der streng formale Staudengarten angelegt sowie die Rodelbahn deutlich erhöht und auf 350 Meter verlängert wurde – mit der Idee, hier ein Stück deutsches Mittelgebirge nachzuahmen. Das stark bewegte südöstliche Parkareal mit seiner Teichkette beließ man in landschaftlicher Gestaltung, so wie es Barth in seinem schönen Entwurfsplan von 1929 vorgegeben hatte.

Trotz mancher Veränderung nach 1938 überzeugt doch noch immer das in sich schlüssige – und Planungsvorstellungen Barths mit aufnehmende – Gestaltungskonzept von Rudolf Fischer, das geprägt ist von einer konsequenten Raumbildung, vielfältigen Nutzungsangeboten und eingebettet in das den Volkspark bis heute konsequent bestimmende Achsenkreuz, das aber auch landschaftlich-naturräumlichen Bereichen wie den drei noch weitgehend naturbelassenen Teichen Dillgesteich, Kleiner Teich und Eckernpfuhl Raum lässt.

Die nach dem Zweiten Weltkrieg erforderliche Grundinstandsetzung erfolgte in den 1950er Jahren. In dieser Zeit entstand auch das Sommerbad

Mariendorf. 1995 konnte mit Unterstützung der Gartendenkmalpflege der streng geometrische Staudengarten umfassend restauriert werden. Seit 1999 bildet hier wieder eine Sonnenuhr das Zentrum der kleinen Platzfläche, die in den Eckbereichen von Staudenbeeten und Ziergehölzen gefasst wird. Die strenge Geometrie dieses schönen formalen Sondergartens erhält seine Betonung durch vier Kindergruppen, auf den Ecken der Einfassungsmauern stehend, 1933–1936 vom Bildhauer Friedrich Zuchantke (1888–1957) geschaffen. Es handelt sich um einen »Knaben mit Ziegenbock«, das »Mädchen mit Schaf« sowie ein »Mädchen mit Reh« und einen Okarina spielenden »Knaben mit Hund«. 2001 sind die verloren gegangenen Figuren durch Kopien von Hans Starcke (1957–2015) ersetzt worden. Hans Starcke, aus einer besonders befähigten Berliner Bildhauerfamilie stammend, wurde schon seit den 1980er Jahren mit vielfältigen bildhauerischen Aufgaben der Berliner Gartendenkmalpflege betraut. Die großartigen Arbeiten für den 2008 vollendeten Schinkelplatz in Berlin-Mitte war seine letzte große Aufgabenstellung des Landesdenkmalamtes Berlin.

Weiterer bildkünstlerischer Schmuck ist ein seit 1983 eine Aussichtsterrasse akzentuierender »Vierkinderbrunnen«, den schon 1926–1928 der Bildhauer Waldemar Berger (1890–1930) schuf, sowie ein am nördlichen Ufer des Eckernpfuhls liegender Granitfindling, der den von den Nationalsozialisten ermordeten sozialdemokratischen Bezirksverordneten Friedrich Küter (1879–1945) ehrt, der als erster Bezirksverordneter in den 1920er Jahren für die Bereitstellung von Baumitteln zur Anlage des Volksparks Mariendorf sorgte. 1985 wurden am äußeren Parkrand in der Nähe des südlichen Parkeingangs abstrakte Stahlplastiken der Künstlergruppe »Glyptiker« aufgestellt, außerdem gehört zum bildnerischen Schmuck des Parks noch die 1955 vom Bildhauer Hans Bautz (1908–1986) geschaffene Tierfigur eines Bärenpaares aus Muschelkalk.

Staudengarten

Volkspark Mariendorf

Dorfaue und Gutspark Marienfelde

Noch immer vermitteln die Dorfaue und die Gebäude des Gutes von Marienfelde einen ländlich-behaglichen Eindruck. Dem eigentlichen Gutshaus mit seinem Gutspark vorgelagert bestimmt den städtebaulichen Gesamteindruck noch immer ein in Berlin selten gewordener klassischer Dorfanger.

Dieser wird dominiert von der spätromanischen Dorfkirche – im Kern um 1220 als Templer-Ordenskirche errichtet und damit eine der ältesten Kirchen in der Mark – mit dem dazugehörenden Kirchhof und Kirchteich, der alten Viehtränke und dem Feuerlöschteich an der ehemaligen Schmiede. Um den mit großen Laubbäumen bestandenen Anger gruppieren sich die ursprünglichen Bauernhäuser, im 19. Jahrhundert zu prächtigen Wohnhäusern der durch Landverkauf reich gewordenen »Millionenbauern« um- und ausgebaut. Auch fehlt auf diesem Anger nicht das traditionelle Kriegerehrenmal, das 1921 zur Erinnerung an die Kriegstoten aus dem Ersten Weltkrieg errichtet wurde. Von der ursprünglich kompletten Kirchhofsmauer aus Findlingen sind noch Reste im Norden erhalten, wie auch einige Gräber, zum Beispiel das Erbbegräbnis des Gutsherren Carl Gotthilf Adolf Kiepert (1820–1892).

Das am östlichen Ende des Dorfangers liegende Gut, das der Ökonom Adolf Kiepert (Bruder des berühmten Kartographen) 1844 erwerben konnte, entwickelte er rasch zu einem höchst erfolgreichen landwirtschaftlichen Musterbetrieb. Er ließ dann in den 1840er Jahren nicht nur den Gutspark, sondern auch das Gutshaus – ein spätklassizistischer Putzbau mit dem an Potsdamer Vorbildern angelehnten charakteristischen Turm sowie einer Loggia und Freitreppe an der zum Park hin gelegenen östlichen Schmalseite des Herrenhauses – anlegen.

Von der Loggia schaute man über einen ovalen Blumengarten in die Tiefe des Gartens, der damals noch ein streng geometrisch mit Wegen gegliederter Nutzgarten war; erst östlich dieses Wirtschaftsgartens schloss sich dann ein kleiner Landschaftsgarten an. Doch in den 1890er Jahren führten die Erben Kieperts diesen landschaftlichen Park bis fast an das Gutshaus heran und es entstand vor der Loggia darüber hinaus ein kleiner formaler Blumengarten mit Teppichbeet, dessen besonderer Schmuck ein später verloren gegangener dreischaliger Brunnen war. Das Aussehen dieses nun ausgesprochen herrschaftlichen Parks wurde aber auch durch plastischen Schmuck bestimmt, wie eine »Diana von Gabii«, eine Kopie nach Praxiteles.

Schon in den Zwischenkriegsjahren, als Gut und Park in städtischen Besitz übergingen, gestaltete das bezirkliche Gartenamt den herrschaftlichen Gutspark zu einem »Waldpark Marienfelde« um. Zu weiteren Eingriffen – wie dem Abriss der alten Parkmauer zur Dorfaue hin – kam es in den 1950er Jahren. Um 1980 gelang es schließlich der Gartendenkmalpflege, erste Instandsetzungen auf den Weg zu bringen, wie zum Beispiel den 1994/95 restaurierten Blumengarten vor dem Herrenhaus einschließlich einer Brunnenschale sowie gründerzeitlichen Blumenschmuck, oder die 1995 als Abguss wieder aufgestellte »Diana von Gabii« und dazu als Pendant die Kopie eines Satyrs, des »Faun des Praxiteles«.

Alle diese Maßnahmen, eingeschlossen die wiederaufgestellten weißen Gartenbänke, vermitteln heute den Eindruck eines historischen Gutsparks, der in Verbindung mit dem ebenfalls sorgfältig überarbeiteten Dorfanger ein für Berlin seltenes Dorfensemble in den Grenzen der Großstadt vermittelt.

Gutshaus Marienfelde

Gustav-Mahler-Platz

Der Gustav-Mahler-Platz wurde 1919 als klassischer Blockplatz im damaligen Ortsteil Dahlem der noch bis 1920 selbständigen Gemeinde Zehlendorf angelegt, nicht weit vom Königin-Luise-Platz und in Rufweite des Botanischen Gartens. Erst 1938 sollte dieser Platz von 160 × 110 Metern und einer Gartenfläche von ca. 10.800 Quadratmetern zur Gemeinde Steglitz kommen.

Zwischen der Englerallee, Rückert- und Harderslebener Straße gelegen, grenzt der Platz lediglich im Süden an Privatgrundstücke. Der mit der Planung beauftragte und in der Zeit vor, aber auch noch nach dem Ersten Weltkrieg nicht zuletzt in Berlin sehr erfolgreiche Landschaftsgärtner Richard Köhler (1863–1930) nutzte für seinen Entwurf die vorgefundene natürliche Situation, indem er eine in der zukünftigen Platzmitte befindliche wasserführende Senke, mit der Funktion eines Regenwasser-Rückhaltebeckens, geschickt zum Angelpunkt seiner landschaftlichen Platzgestaltung machte. Die zentral im Platz liegende Senke, mit einem klar definierten und ausgemuldeten Teich, d. h. im landschaftlichen Sinne als »Parkteich« gestaltet, wurde mit einem frei geführten Rundweg mit vier Zugängen erschlossen. Lediglich im nördlichen Platzbereich konzipierte Köhler zwei geometrisch ausgebildete runde Sitzplätze, während die sonst weitgehend offen gehaltenen Flächen um den sog. »Rückertteich« als »Parkwiesen« dominieren. Einige Trauerweiden in Wassernähe, aber auch die in Randbereichen des Platzes befindlichen Strauch- und Baumgruppenbepflanzungen unterstreichen den ausgesprochen landschaftlichen Charakter dieses Blockplatzes.

Der im übrigen kaum veränderte, unmittelbar im Grenzbereich von Dahlem und Steglitz liegende Stadtplatz ist damit eines der wenigen weitgehend im Originalzustand erhaltenen landschaftlichen Stadtplätze des frühen 20. Jahrhunderts in Berlin.

Gustav-Mahler-Platz

Lauenburger Platz

Zu Beginn des 20. Jahrhunderts schuf die damals sehr reiche Landgemeinde Steglitz zahlreiche neue Stadtquartiere einschließlich ihrer zeittypischen Schmuckplätze.

Für die Entwürfe zeichnete der damalige Königliche Gartenbauinspektor Fritz Zahn (1872–1942), seit 1911 Kgl. Gartenbaudirektor, verantwortlich. Zahn unterrichtete als Lehrer für Gartenkunst an der Königlichen Gärtnerlehranstalt Wildpark-Potsdam und dann ab 1903 in Berlin-Dahlem.

Schon 1909 schuf Fritz Zahn den Lauenburger Platz im damals noch gebräuchlichen sog. Gemischten Stil, der sowohl landschaftliche Motive aufwies, aber auch schon konsequent den städtebaulich-raumkünstlerischen Vorgaben folgend in seinen Randbereichen streng formal ausgebildet war. Alle Wege, seien sie nun formal oder landschaftlich angelegt, erlauben immer wieder schöne Blicke auf das Gestaltungsmotiv des kleinen Stadtparks, die große Wasserfläche im Zentrum.

Verschiedene Laubbäume – romantische Trauerweiden eingeschlossen – tragen mit ihrem unterschiedlichen Habitus sowie dem Farbspiel ihrer Blätter zum Erlebnisreichtum bei. Trotz des begrenzten Platzes versuchte Zahn auch Naturmotive, wie einen kleinen Bachlauf – beginnend an einer Wasser speienden bronzenen Knabenplastik des Künstlers Rudolf Pohle – in den Schmuckplatz zu integrieren. Streng formal präsentiert sich hingegen ein von vier Pyramiden-Pappeln gerahmtes Sitzrondell sowie ein zur Bismarckstraße hin gelegener, mit Holztraillagen dekorierter »Aussichtsbalkon«. Noch Ende der 1920er erfuhr dieser eine neue Fassung in expressionistischen Formen. Dem Trend der Zeit folgend legte Zahn an der Stirnseite der Grünanlage auch einen kleinen Sitzplatz für Kinder an. Der Platz hat sich im Kern relativ gut erhalten, so dass er 1986 unter Denkmalschutz gestellt und 2005/06 gartendenkmalpflegerisch wiederherstellt wurde.

Lauenburger Platz

Botanischer Garten

Der Eröffnung des Botanischen Gartens im Jahr 1904 ging eine lange Geschichte voraus, die bis in die kurfürstliche Zeit zurückreicht. Schon auf dem bekannten Lustgarten-Plan von J.G. Memhardt von 1652 ist ein »Kräuter- oder medizinischer Garten« abgebildet, der, schon im 16. Jahrhundert angelegt, als Vorläufer des späteren Botanischen Gartens in Berlin-Dahlem gilt.

Die räumliche Enge machte noch zu Lebzeiten des Großen Kurfürsten einen Umzug vor die Tore der Stadt notwendig, und die 1679 durch Kurfürst Friedrich Wilhelm erfolgte Neuanlage im damaligen kurfürstlichen Hopfengarten in Schöneberg gilt allgemein als Gründungsdatum des Botanischen Gartens in Berlin. Wichtige Direktoren, wie Carl Ludwig von Willdenow (1765–1821) legten schließlich die Grundlagen für die heutige wissenschaftliche Bedeutung des Botanischen Gartens. Er sorgte im Gründungsjahr der Berliner Universität 1810 für die Angliederung des Botanischen Gartens. Es zeigte sich jedoch zunehmend, das der Botanische Garten zu klein wurde. Man begann, eingeschnürt von der wachsenden Stadt Schöneberg, über eine Verlagerung nachzudenken.

Der seit 1889 am Botanischen Garten wirkende Direktor Adolf Engler (1844–1930) war es schließlich, der die Möglichkeit bekam, den alten Botanischen Garten in Schöneberg aufzulösen und unter sorgfältigem Erhalt der Sammlungen einen neuen botanischen Garten auf einer ungleich größeren Fläche und ein neues großzügiges botanisches Museum in Dahlem zu errichten. Nach der Zustimmung durch den Preußischen Landtag und Kaiser Wilhelm II. konnte 1899 mit den Arbeiten nach den Plänen von Baurat Alfred Koerner (1849–1926) begonnen werden. Sein bauliches Erbe, wie das Große Tropenhaus – eines der größten freitragenden Gewächshäuser der Welt –, das Botanische Museum, die Gartenpavillons und die zahlreichen Wirtschaftsgebäude, die noch immer in ihrer markanten Architektursprache zwischen Jugendstil und Historismus das Erscheinungsbild des Botanischen Gartens bestimmen, steht verständlicherweise längst unter Denkmalschutz.

Die sehr differenzierte Gartengestaltung war beeinflusst von bekannten Berliner Gartendirektoren wie Gustav Fintelmann (1846–1918) oder Hermann Geitner (1848–1905), jedoch lag die Umsetzung vor allem in den Händen des späteren Oberinspektors Karl Peters. Belegt ist, das sich Engler immer wieder auch selbst gestalterisch einbrachte, hatte er doch über viele Jahre die europäischen Gebirge bereist und wollte in Berlin die ihm bekannten Vegetationsformen im Detail nachbauen lassen. Engler war es ein wichtiges Anliegen, die pflanzengeographische Struktur des neuen Botanischen Gartens äußerst sorgfältig als Beispiel für andere botanische Gärten dieser Welt zu gestalten.

Die natürlichen Gegebenheiten und Vorzüge geschickt nutzend wurden Geländekuppen durch Überhöhung, aber auch vorhandene Pfuhle und Senken sowie neu angelegte größere Wasserflächen wie der Amerikasee zur Ausgestaltung der den Botanischen Garten prägenden pflanzengeographischen Landschaftsausschnitte genutzt. So entstanden die sehr natürlich modellierten Gebirgslandschaften Europas, Asiens und Nordamerikas, oder aber die Waldtypen des norddeutschen Tieflandes, aber auch ein großes Rosarium, und nicht zu vergessen das Arboretum, das mit über vierzehn Hektar fast ein Drittel der Fläche einnimmt. Einen glanzvollen Höhepunkt des Botanischen Gartens stellt ohne Zweifel der inzwischen

Tropenhaus

behutsam restaurierte Italienische Garten dar, der, in unmittelbarer optischer Verbindung den repräsentativen Schaugewächshäusern quasi als Parterre vorgelagert, mit seinen Wasserkünsten, Skulpturen und antiken Pflanzkübeln an formale Gärten der italienischen Renaissance erinnert.

Das im Auftrag der Gartendenkmalpflege und in engster Abstimmung mit dem Botanischen Garten 2010 vorgelegten Gartenpflege- und Entwicklungswerk erlaubt auch in Zukunft, die an vielen Stellen noch notwendigen Wiederherstellungs- und Sanierungsmaßnahmen sach- und fachgerecht durchzuführen und eine der schönsten Berliner »Parkanlagen« auch in ihrer ganz besonderen kulturlandschaftlichen Qualität dauerhaft zu erhalten.

Folgeseite: Italienischer Garten

Im Schwarzen Grund mit Thielpark und Triestpark

Als im Jahr 1901 der Pachtvertrag für die Domäne Dahlem nicht mehr verlängert wurde, beauftragte man zuerst den Architekten Walter Kyllmann (1837–1913) mit dem Entwurf eines Bebauungsplanes. Man war jedoch mit dem vorgelegten rasterförmig-schematischen und die Naturschönheiten des bewegten Geländes wenig achtenden Entwurf nicht zufrieden, so dass man den Architekten Heinrich Schweitzer (1871–1953) um die Vorlage von Alternativvorschlägen bat. In Anerkennung der topographischen Qualitäten, der unbedingten Erhaltung der Naturschönheiten sowie einer gewünschten Verbindung der U-Bahnhöfe mit dem nicht weit entfernten Grunewald gelang es – unter Hinzuziehung des damals bekannten Städteplaners Hermann Janssen – Schweitzers Ideen zumindest im westlichen Teil der Domänenflächen umzusetzen.

Schweitzer, dem es vor allem wichtig war, die vorgefundene reizvolle Landschaft mit ihrem alten Baumbestand, ihren Pfuhlen, Senken und Höhen zu erhalten und in das neue städtebaulich-landschaftliche Konzept mit einzubeziehen, schuf das grünplanerische Grundkonzept für den Thielpark, eine Folge mehrerer Parkanlagen, die sich vom Corrensplatz bis zum Grunewald erstrecken. Besonderes Augenmerk galt hierbei der Grünanlage »Im Schwarzen Grund«, die schon 1915 fertiggestellt werden konnte und sich vor allem durch künstlich abgedichtete Teiche und Wasserläufe sowie einen gewaltigen Findling auszeichnet, der, 1911 beim U-Bahn Bau gefunden, in die Parkgestaltung integriert wurde.

Der Triestpark, die Parkanlage südlich der U-Bahntrasse, stammt von Hermann Janssen, der, wie auch schon Schweitzer, die natürlichen Gegebenheiten und Vorzüge des stark bewegten Geländes dazu nutzte, in Verbindung mit weit ausgezogenen Wiesenflächen und zwei Teichen die Illusion einer fast natürlichen Landschaft zu schaffen. Schon nach dem Ersten Weltkrieg war jedoch eine Instandsetzung der stark vernachlässigten Anlage notwendig, und schließlich erfolgte 1930–1934, unter dem damaligen Bezirksgartendirektor Max Dietrich (1881–1957), eine Neu- und Umgestaltung. Dietrich brachte vor allem malerische Baumgruppen ein, dichtete und formte die diversen Teiche neu und schuf durch schöne Motive eine abwechslungsreiche Park-Landschaft, auch unter Einbringung größerer Wildstaudenpflanzungen und einer Heidelandschaft. Dietrich schuf auch einen neuen Kinderspielplatz und lies Sondergärten, wie einen Irisgarten, anlegen.

Letzte Änderungen an der weiträumigen Parkanlage geschahen nach dem Zweiten Weltkrieg im Zusammenhang mit der Errichtung der Evangelischen Kirche südlich der U-Bahn-Trasse.

Thielpark

Augustaplatz

Der 1872 als repräsentativer Schmuckplatz in der Villenkolonie Lichterfelde-West nach einem Entwurf des Hofgärtners Hoffmann angelegt Augustaplatz ist Teil der städtebaulichen Ideen von Wilhelm Carstenn (1822–1896). Als Bau- und Bodenspekulant hatte Carstenn schon um 1865 die beiden Rittergüter Lichterfelde und Giesensdorf mit dem Ziel erworben, auf dem Gelände eine Villensiedlung im Sinne der englischen Landhausvororte für eine gut betuchte Mittelschicht anzulegen.

Carstenns Siedlungsentwürfe setzten in der wirtschaftlich ungemein prosperierenden Zeit des ausgehenden 19. Jahrhunderts neue städtebauliche Akzente, die Carstenn zu einem Pionier des privaten Städtebaus machten. Seine Pläne für Lichterfelde sahen vor, einstöckige, aber auch drei- bis vierstöckige Villenbebauungen zu errichten, die durch großzügige Plätze und schöne Gärten gegliedert wurden. Seine Straßen und Plätze ließ er durch den Architekten Johannes Otzen (1839–1911) erarbeiten, der auch die ersten Musterhäuser entwarf.

Innerhalb des orthogonalen Straßennetzes nimmt der Augustaplatz einen wichtigen Bezugs- und Orientierungspunkt ein. Insgesamt fünf Straßen münden auf diesen Platz, der durch eine rahmende Lindenallee eine klare räumliche Fassung erhielt und damit zugleich auf die baumgesäumten Lichterfelder Straßen reagiert.

Der runde Schmuckplatz im Zentrum des Platzes war ursprünglich dicht mit seltenen Schmucksträuchern und Gehölzen bepflanzt. Jedoch schon 1905–1909 folgten erste Umgestaltungen in einer nunmehr vornehmlich formal geometrischen Grunderschließung, so wie sich der Platz heute wieder nach einer gartendenkmalpflegerischen Grundinstandsetzung von 1984 präsentiert. Lediglich die ursprünglich reiche kaiserzeitliche Wechselbepflanzung mit Festons und Rundbeeten im Rasen ist wegen des zu hohen Pflegeaufwandes nicht wiederhergestellt worden. Neben wertvollen großkronigen Laubbäumen bilden heute mit Polyantharosen bepflanzte Rabatten, aber auch eine monumentale Steinbank aus rotem schlesischen Sandstein den besonderen Schmuck des Gartenplatzes.

Zusätzlich wurde ein Kinderspielplatz eingegliedert, so dass heute der Augustaplatz für alle Altersklassen eine gepflegte und ansprechende Aufenthaltsqualität bietet.

Augustaplatz

Marienplatz

Der Marienplatz ist der erste Stadtplatz, der im Zuge der Besiedlung der Villenkolonie Lichterfelde geplant und ausgeführt wurde. 1894/95 vom Verschönerungsverein von Lichterfelde nach den ursprünglichen Plänen von Wilhelm Carstenn umgesetzt, wurde der Platz nicht – wie damals noch durchaus üblich – landschaftlich, sondern schon streng formal gegliedert und mit einer Baumreihe gerahmt.

Die den Platz orthogonal querenden und sich im Platzmittelpunkt kreuzenden Wege gliedern den Platz in vier gleichschenklige grüne Dreiecke. Locker über den Platz verstreute Großbaumpflanzen vermitteln jedoch einen landschaftlich-großzügigen Eindruck. Lediglich das Rund der Platzmitte, gerahmt von zwei typischen Astholzbänken in einer eng gepflanzten Lindenreihe, bilden einen besonderen Platzhöhepunkt, gleichwohl eine heute im Zentrum des kleinen, im Sommer gut beschatteten Platzmittelpunktes stehende Gaslaterne wohl kaum die wünschenswert dominante, jedoch nie ausgeführte Brunnen- oder Denkmalanlage ersetzten kann.

Im Herbst 1983 konnte eine gartendenkmalpflegerische Instandsetzung der Anlage unter fachlicher Mithilfe der Gartendenkmalpflege nach einem Plan von Carstenn aus dem Jahre 1869 erfolgreich durchgeführt werden. Auch zahlreiche Sitzplätze mit den für Steglitz typischen Astholzbänken in überlieferter Form konnten wieder aufgestellt und lückenhafte Lindenreihen ergänzt werden.

Marienplatz

Schlosspark Lichterfelde

Das Angerdorf Lichterfelde im Bezirk Steglitz-Zehlendorf von Berlin wird erstmals 1289 urkundlich erwähnt. Bis zur Mitte des 19. Jahrhunderts gehörte es in vielfachem Besitzerwechsel Familien des Märkischen Adels wie denen von Britzke, von Danckelmann, von Bülow, oder Mitte des 19. Jahrhunderts Wolf Friedrich Ludwig von Quast, aus dem Gutshaus Garz in der Nähe Neuruppin/Havelland stammend.

1865 wird das Rittergut Lichterfelde – einschließlich Giesensdorf – schließlich von dem vermögenden Hamburger Kaufmann und Grundstücksspekulanten Anton Wilhelm Carstenn (1822–1896) erworben. Nachdem Carstenn schon mit Erfolg die Villenstadt in Wandsbek bei Hamburg angelegt hatte, lässt er in Lichterfelde die landwirtschaftlich genutzten Flächen parzellieren, mit erheblichem Gewinn weiterverkaufen und somit die Villenkolonie Lichterfelde gründen. Das Gutshaus, das spätere »Castenn-Schlösschen« am Hindenburgdamm 28, nutzte er für sich und seine Familie.

Schon kurz nach dem Erwerb der Güter Lichterfelde und Giesensdorf lässt Carstenn aus dem schon vorhandenen Gutsgarten und dem Auenwaldbereich an der Bäke einen zeittypischen Landschaftspark anlegen. In Verfolg des im 19. Jahrhundert gebräuchlichen »Zonierten Landschaftsgartens« entsteht in Hausnähe ein intensiv gestalteter Pleasureground mit zahlreichen korbartigen Blumen- und Schmuckbeeten, und wie Abbildungen und Situationspläne der Zeit deutlich wiedergeben lässt Carstenn den Park mit einem dichten Netz landschaftlich geführter Wege erschließen.

Bis zum Bau des Teltowkanals im Jahr 1905 reichte der früher deutlich größere Schlosspark bis zur Berliner Straße. Dann kommt es allerdings zur Anlage einer öffentlichen Promenade entlang des Ostufers des Kanals sowie zur Errichtung eines Gemeindeparks, teilweise ebenfalls auf dem Gelände des ehemaligen Schlossparks Lichterfelde angelegt. Nach dem Ersten Weltkrieg kommt es schließlich 1923 zu einer Ausweisung eines ca. 2,8 Hektar großen Restauenwaldes entlang des Westufers des Kanals als Naturschutzgebiet, so dass zwar die heutige Gesamtfläche des Gutsparks 5,6 Hektar beträgt, wovon jedoch die Hälfte als eingetragenes Naturschutzgebiet abgeteilt und eingezäunt ist. 1924 kaufte schließlich die Stadt Berlin das gesamte Areal und machte es öffentlich zugänglich.

Der Schlosspark Lichterfelde mit seinem wertvollen alten Baumbestand strahlt – trotz mancher Einbußen – noch immer die Atmosphäre eines alten märkischen Gutsparks aus.

Herrenhaus Lichterfelde

Dubrowplatz

Der 1912 nach einem Entwurf des Zehlendorfer Gartendirektors Emil Schubert (1868–1925) angelegte Dubrowplatz verdankt seine Entstehung der 1894 von der »Heimstätten-Aktiengesellschaft« gegründeten Villenkolonie Schlachtensee. Noch im Jahr des Erwerbes von ca. 200 Morgen Land östlich und nördlich des Schlachtensees wurde das Terrain parzelliert, zahlreiche Erschließungsstraßen angelegt und aufwendige Villen- und Landhausbauten errichtet.

Gleich zu Beginn seiner Amtszeit als Gartendirektor der damals noch eigenständigen Gemeinde Zehlendorf entwickelte Emil Schubert insgesamt drei Planvarianten, in denen sich Jugendstileinflüsse, aber auch die seit 1900 zu beobachtenden Tendenzen rein architektonischer Gestaltung bemerkbar machten. Realisiert wird schließlich in den Jahren 1910/11 sein dritter Entwurf, der fast schon im Sinne Erwin Barths – unter völligem Verzicht auf das »überholte reiche« Formenrepertoire wilhelminischer Gestaltung – von einem klar strukturierten Raumgedanken und einer unbedingt architektonisch geprägten Entwurfshaltung bestimmt wird. Auffällig ist im übrigen das großzügige Sitzangebot, spiegelbildlich an den jeweiligen Kopfenden des Platzes, im Schatten von rasterförmig aufgepflanzten Kastanien angeordnet.

Unter Schuberts Nachfolger Max Dietrich (1881–1957) kommt es in den 1930er Jahren zu ersten deutlichen Veränderungen. Es werden nicht nur die pflegeaufwendigen Blumenbeete entfernt, der Rasen zum Betreten freigegeben, sondern der Platz wird dem Bedürfnis nach Kinderspiel folgend auch mit Spielgeräten ausgestattet.

In den 1960er Jahren werden schließlich die seitlichen Zugänge wieder geöffnet und im östlichen Sitzplatzbereich ein Sandkasten eingebaut. Insgesamt gesehen ist jedoch der Dubrowplatz in seiner ursprünglichen städtebaulichen Grundkonzeption, seiner großzügigen Raumwirkung, aber auch wegemäßigen Erschließung und Ausstattung noch immer als ein Berliner Schmuckplatz aus der reformorientierten Frühzeit zu Beginn des 20. Jahrhunderts anschaulich erlebbar.

Dubrowplatz

Garten Werner

Die Einheit von Haus und Garten Werner – ein Frühwerk des Architekten Mies van der Rohe (1886–1969) – ist ein herausragendes Beispiel für die Auffassung der »modernen« Architektengeneration des frühen 20. Jahrhunderts, die Haus und Garten als Gesamtkunstwerk betrachteten. Der reformorientierten Ideen gegenüber sehr aufgeschlossene Bauherr Ernst Werner entschied sich daher für den Architekten Ludwig Mies (später van der Rohe), der 1913 als Mitinhaber der Architektensozietät Mies & Göbbels den Entwurf für das Landhaus einschließlich der weit in den Garten reichenden Wandelhalle sowie für den Garten fertigte.

Auf dem unmittelbar benachbarten Grundstück hatte Mies schon 1911 das Haus Perls, Hermannstraße 14, entworfen. Gemeinsam mit dem Haus Perls stellt das Haus Werner ein wichtiges Beispiel für die frühe Schaffensperiode von Ludwig Mies van der Rohe in Berlin dar. Mies gehörte anfangs noch dem Planungsbüro von Peter Behrens (1868–1940) an und kannte im übrigen das von seinem Lehrer Behrens nur wenige Jahre vorher geplante und berühmt gewordene Haus und Garten Wiegand in der Peter-Lenné-Straße 28/30 in Dahlem, wo Behrens seine Auffassung von einem architektonisch gegliederten und raumkünstlerisch geordneten Garten überzeugend verwirklichen konnte.

Der klassische, streng aufgebaute Grundriss des Hauses sollte auch im Garten des Hauses Werner seine formale Entsprechung im ebenso dem rechten Winkel und der Symmetrie verpflichteten Gartengrundriss finden. Die durch gartenreformerische Ideen schon vor 1900 geforderte Durchdringung von Haus und Garten deutet sich im Haus Werner mithin sowohl in dem weit in den Garten greifenden Laubengang als auch durch das Fehlen eines Sockelgeschosses an, durch den ein direkter Zugang zum Garten möglich wird. Das architektonisch-räumliche Bestreben wurde durch Verwendung von Gartenmauern und geschnittenen Hecken zusätzlich unterstrichen. Es entstand so ein von vier Seiten gerahmter, in sich geschlossener, intimer Gartenraum. Zur Akzentuierung räumlicher Punkte dienen neben Pergola, Treppen und Bankbeeten auch die von Mies entworfenen weißen Gartenbänke.

Das durch Baulichkeiten strukturierte, mehrdimensionale Gartenrelief mit unterschiedlichsten Beetausformungen erlaubte zugleich, dem besonderen Wunsch von Frau Werner nach einer reichen Staudenvielfalt in ihrem Garten Rechnung zu tragen. Die sich insbesondere im Zentrum des Gartenhofes, um das Wasserbecken konzentrierende Staudenvielfalt, immer wieder den Höhenunterschied der Trockenmauern aus Rüdersdorfer Kalkstein überwuchernd, sind Verweis auf den sich schon vor dem Ersten Weltkrieg abzeichnenden Einfluss der durch Karl Förster geprägten Staudenverwendung im Garten, nicht zuletzt seines eigenen berühmt gewordenen Senkgartens in Bornim in Potsdam.

1991 konzentrierte sich die umfassende gartendenkmalpflegerische Wiederherstellung des Gartens vor allem auf den zentralen Ziergarten mit seinem im Zentrum gelegenen Wasserbecken, den umlaufenden Wegen und mit der Pergola sowie die von Mies van der Rohe entworfenen Bänke und Zaunanlagen. Die hohe Aufenthaltsqualität des halböffentlichen Gartens erfahren heute vor allem die zahlreichen Kinder des Heilpädagogischen Therapeutikums, ist doch der Garten längst ein wichtiger Bestandteil der therapeutischen Arbeit einer Waldorf-geprägten Einrichtung.

Haus und Garten Werner

Mexikoplatz

Der Mexikoplatz bildet bis heute das geografisch-städtebauliche wie auch infrastrukturelle Zentrum der nach 1903 konzipierten »Villen-Kolonie Zehlendorf-West«. Von der Wannsee-Bahntrasse durchschnitten ist dieser Schmuckplatz der Mittel- und Höhepunkt der Kolonie und überzeugt noch immer durch einen ungemein homogenen, heute selten gewordenen baulich-gärtnerischen Dreiklang aus Schmuckplatz, Bahnhofsgebäude und die den Platz halbrund rahmenden acht Wohn- und Geschäftshäuser.

Nachdem 1904/05 der von den Architekten Gustav Hart (1864–1924) und Alfred Lesser (1871–1915) ungemein aufwendig gestaltete und mit einem ersten Preis ausgezeichnete formschöne Jugendstilbahnhof errichtet worden war, folgte schon kurze Zeit später der dazugehörende Schmuckplatz, einschließlich rahmender Randbebauung. Der für die Erschließung »der Villenkolonie Zehlendorf-West« wichtige Bahnhof wurde im Auftrag der »Zehlendorf-West-Terrain-Aktiengesellschaft« errichtet und auch finanziert. Der Platz selber wurde 1905–1907 nach einem preisgekrönten Entwurf des Architekten Otto Kuhlmann (1873–1948) angelegt.

Man kann davon ausgehen, dass Otto Kuhlmann nicht nur in den Jahren 1909/10 die gesamte Platzrandbebauung und zahlreiche Villen- und Landhäuser in der nun rasch entstehenden Villen- und Landhauskolonie Zehlendorf-West erbaut hat, sondern im Auftrag der »Zehlendorf-West-Terrain-Aktiengesellschaft« auch die Kern-Struktur der Schmuckplatzanlage bestimmt hat. Die eigentliche gärtnerische Anlage jedoch – mit ihren zwei repräsentativen Springbrunnen – wurde in ihrer geometrisch-ornamentalen Gestaltung 1907 durch den Zehlendorfer Gartendirektor Emil Schubert (1868–1925) entworfen.

Sowohl das noch weitgehend erhaltene, historische Kopfsteinpflaster und die im Zusammenhang mit der umfassenden gartendenkmalpflegerischen Platzrestaurierung in den Jahren 1985–1987 neuerlich aufgestellten Platz-Elemente wie Feuermelder, Telefonzellen, Litfaßsäulen sowie zahlreiche Straßenlaternen unterstreichen mit den beiden rekonstruierten Brunnenbecken eindrücklich das historische Platzbild.

Man ist darüber hinaus bemüht, nach und nach die nach den Entwürfen von Otto Kuhlmann entstandenen, den Platz noch immer halbrund säumenden Miets- und Geschäftshäuser mit ihren fachwerkbesetzten Ober- bzw. Giebelgeschossen, aber auch ihren markanten Ecktürmen, zahlreichen Giebeln, Erkern und Loggien zu restaurieren und damit einen Beitrag zur Erhaltung und Pflege des traditionellen Erscheinungsbildes dieses einzigartigen Berliner Schmuckplatzes zu leisten.

Mexikoplatz

Flensburger Löwe (am Großen Wannsee)

Unmittelbar neben der bekannten Villa der Wannsee-Konferenz befindet sich auf einer erhöhten Aussichtsterrasse der Flensburger Löwe. Am Ende einer kleinen Lindenallee liegend, sieht man schon von der Straße zum Heckeshorn aus das mächtige Denkmal, das an die Schlacht bei Idstedt von 1850 erinnert, als im ersten Schleswig-Holsteinischen Krieg die Dänen gegen die deutschen Schleswig-Holsteiner gekämpft und gesiegt hatten.

Bei der Figur des sitzenden, vier Meter hohen Löwen auf hohem Granitsockel handelt es sich um einen Zinkabguss einer schon 1862 vom dänischen Bildhauer Herrmann Bissen geschaffene Bronzeplastik, die heute im Zeughaus in Kopenhagen steht. Ursprünglich war der Löwe 1862 als Wappentier Dänemarks auf dem Alten Friedhof der damals dänischen Stadt Flensburg in Erinnerung an die dort beigesetzten gefallenen dänischen Soldaten aufgestellt worden. 1864 – nach dem Sieg des Deutschen Bundes über die Dänen – wurde der Löwe nach Lichterfelde umgesetzt.

Für Wilhelm Conrad (1822–1899), Bankier und national gesinnter Gründer der Villenkolonie Alsen im heutigen Zehlendorfer Ortsteil Wannsee – nach der jütländischen Insel Alsen benannt –, war der Löwe das Symbol des preußischen Sieges über die Dänen. Deshalb ließ Conrad 1865 den Zinkabguss fertigen und dieses Monument ursprünglich auf der höchsten Erhebung der Kolonie Alsen, im Gelände der sog. »Schweiz«, aufstellen. Erst als die Bebauung dem Denkmal immer näher rückte und es schließlich sogar Beschädigungen ausgesetzt war, wurde 1938 die Versetzung an die heutige Stelle unmittelbar am Wannsee verfügt. Das bronzene Original wurde von den Amerikanern schließlich 1945 aus Lichterfelde an die Dänen zurückgegeben.

Auf dem heute einzigen freien Zugang zum Wannsee stehend, von einer steinernen neobarocken Balustrade gefasst, konnte 2005 mit einer erheblichen finanziellen Spende der von-Hinckeldey-Stiftung das kostbare Denkmal samt Sockel grundlegend saniert und restauriert werden. Heckeshorn, unmittelbar am Wannsee befindlich, bildet mit dem frisch in grüner Farbe patinierten Löwen heute wieder eines der beliebtesten Ausflugsziele in der Wannseelandschaft.

Denkmal Flensburger Löwe

Garten Liebermann

Als am 14. Juli 1909 zwischen der Grundstücksgesellschaft Alsen und Max Liebermann (1847–1935) der Kaufvertrag für das ca. 7000 Quadratmeter große Grundstück am Großen Wannsee geschlossen wurde, ging für den 62-jährigen, künstlerisch und gesellschaftlich längst arrivierten Max Liebermann ein schon länger gehegter Wunsch nach einer »Sommerresidenz« in Erfüllung – gelegen in erreichbarer Näher Berlins und dennoch ländlich.

Als Architekten beauftragte er Paul Baumgarten (1873–1946), ein Meisterschüler Alfred Messels, der u. a. 1906 die dem Liebermann-Anwesen unmittelbar benachbarte Villa Johann Hamspohn errichtet hatte. Liebermann selber war es, der durch seine zahlreichen Reisen in den niederdeutschen Raum entscheidende Anregungen für sein Landhaus – dem Goddefroyschen Landhaus in Nienstedten/Hamburg nachempfunden –, aber auch für den Garten bekommen hatte. Entscheidend für alle bau- und gartenkünstlerischen Anregungen sollte vor allem seine Freundschaft zu Alfred Lichtwark, dem Direktor der Hamburger Kunsthalle, werden.

Lichtwark war es, der im Sinne der Garten-Sezession schon vor der Jahrhundertwende eine Renaissance des regelmäßigen Gartens und die Ablösung des überholten landschaftlichen Gartens des 19. Jahrhunderts forderte. Die von Liebermann während der etwa zehnmonatigen Fertigstellung des Gartens angefertigten eigenhändigen Garten-Skizzen sandte er immer wieder an Alfred Lichtwark. So ist in einem Brief Liebermanns von 1909 die spätere Gestaltung des Grundstückes schon sehr genau vorweggenommen: eine Dreiteilung des großen Vorgartens in einen Gemüse- und Obstgarten, dann zum Haus hin der bekannte Blumengarten, gefolgt von einem mit Buchsbaumkugeln dekorierten strengen Rasenparterre direkt vor dem Haus. Das vornehm-kühle Rasenparterre wird zum Blumengarten hin durch die bekannte, niederdeutschen Vorbildern entlehnte Lindenhochhecke getrennt.

Der seeseitige Garten des insgesamt 200 Meter tiefen Grundstückes wurde durch drei formal und räumlich zusammenhängende Gartenbereiche gebildet: die unmittelbar dem Landhaus vorgelagerte, mit Platten belegte Gartenterrasse, gefolgt von der einige Stufen tiefer liegenden Blumenterrasse und einer großen Rasenfläche, den Blick zum Wannsee erlaubend, während sich an der Seite zum Hamspohn-Garten hin der bekannte Birkenhain befindet und an der nördlichen Grundstücksgrenze, zum Garten Langenscheidt hin, die drei auf Alfred Lichtwark zurückgehenden Heckengärten.

In der von der Berliner Gartendenkmalpflege schon 1994 beauftragten gutachtlichen Untersuchung zum Garten Liebermann konnte nach Jahrzehnten des Vergessens und grober Vernachlässigung erstmalig wieder minutiös die Genese und die Ausführung dieses bedeutenden Gartens der reformorientierten Zeit nach der Jahrhundertwende nachgewiesen werden. Die lückenlose Dokumentation der Gartengeschichte sowie eine entsprechende Auswertung der Befundsituation veranlassten dann den Unterzeichner am 2. August 1987, den Liebermann Garten unter Denkmalschutz zu stellen. Wenig später konnten durch die 1994 gegründete Max Liebermann-Gesellschaft Berlin e. V. endgültig die Weichen für eine wissenschaftlich-konservatorisch begründete Wiederherstellung des Gartens auf den Weg gebracht werden, die in allen Phasen von der Berliner Gar-

Landhaus Liebermann

tendenkmalpflege praktisch-konservatorisch, aber auch mit erheblicher finanzieller Unterstützung begleitet wurde. So gelang es schon 2004, den Nutz- und Blumengarten und im seeseitigen Bereich die Blumenterrasse zu rekonstruieren sowie den wichtigen Birkenhain durch punktgenaue Baum-Nachpflanzungen zu erneuern. Auch konnten inzwischen die wertvollen drei Heckengärten durch einen massiven Verjüngungsschnitt der alten Hainbuchen erneuert und durch Erwerb der noch fehlenden Gartenpartien schließlich auch in alter Größe und Schönheit vollständig instand gesetzt werden.

Hinzuweisen ist auch auf das ebenfalls im Auftrag der Gartendenkmalpflege in den Jahren 2004/05 – nicht zuletzt durch eine erhebliche finanzielle Unterstützung der Cornelsen-Kulturstiftung – freigelegte Fresko in der Loggia des Landhauses. Dieses jahrzehntelang übermalte, von Liebermann selber nach einem Rom-Aufenthalt unter dem Eindruck der Villa Livia gemalte Fresko ist heute wieder – mit seinen im oberen Bereich der Freskomalereien ebenfalls freigelegten, für Liebermann besonders charakteristischen Lünetten-Bilder – ein Stück erlebbares antikes Arkadien Liebermanns, das in wunderbarer Weise mit dem von ihm geschaffenen sehr persönlichen Garten-Arkadien am Großen Wannsee korrespondiert. Man kann nur hoffen, dass die seit einigen Jahren in großer Schar den Liebermann Garten aufsuchenden Gäste ebenfalls das Gefühl haben werden: »Et in Arcadia ego!«

Kleistgrab

Unmittelbar am Kleinen Wannsee liegt an der Bismarckstraße die mit hohen Bäumen bestandene waldparkartige Grabstätte von Heinrich von Kleist (1777–1811), dem wohl genialsten deutschen Dramatiker, der jeder innerer und äußerer Daseinsmöglichkeiten beraubt hier gemeinsam mit Henriette Vogel am 21. November 1811 den Tod fand.

Die ursprünglich sehr einfachen, lediglich mit Kiefernästen eingefriedeten Gräber wurden 1848 auf Initiative Eduard von Bülows mit einem Gedenkstein für Heinrich von Kleist versehen. Erst 1905 kommt es auf Betreiben des Gartenkünstlers Willy Lange (1864–1941), der auf der anderen Straßenseite des Kleistgrabes, in der Bismarckstraße 5a, sein »Gartenheim« bewohnte, zu einer behutsamen gärtnerischen Gestaltung des Waldgrundstückes.

Das von Prinz Friedrich Leopold-Glienicke (1865–1931) bereitgestellte Grundstück ging schließlich 1908 in das Vermögen des Reichsfiskus über, womit dann auch das Reich die Pflege übernahm. Nach mehrfachen Umgestaltungen und einer aus Anlass des 200. Todestages von Heinrich von Kleist am 21.11.2011 durch die Cornelsen-Kulturstiftung und Zuschüsse der Bundeskulturstiftung sowie des Berliner Senates ermöglichten gartendenkmalpflegerisch-landschaftsplanerischen Umgestaltung und Instandsetzung präsentiert sich heute die eigentliche Grabstelle in einem überarbeiteten Zustand.

Der Grabhügel selber wurde mit einem oval geführten Weg neu inszeniert. Mittels Sandstein-Trittplatten kann der Besucher die Grabstätte, die heute wieder mit einem schmiedeeisernen Grabgitter eingehegt ist, besuchen. Der im Zuge der Olympischen Spiele 1936 aufgestellte Granitgrabstein, versehen 1941 mit den Versen aus Kleist's Prinz von Homburg »Nun, o Unsterblichkeit bist du ganz mein«, blieb erhalten, wurde jedoch um 180 Grad gedreht und auf der Vorderseite nunmehr mit den Geburts- und Todesdaten Henriette Vogels und dem ursprünglichen Vers des jüdischen Dichters Max Ring »Er lebte, sang und litt/ in trüber, schwerer Zeit./ Er suchte hier den Tod und fand Unsterblichkeit« (Matth. 6. V. 12.) versehen.

Über Treppen gelangt der Besucher von der plateauartig erhöhten Grabstelle an das tiefer gelegene Ufer des Kleinen Wannsees, wo sich heute wieder schöne Blicke über den Großen und Kleinen Wannsee bieten und Bänke zum ruhigen Verweilen einladen.

Von der Königstraße aus kann der Besucher über einen landschaftlich geschwungenen barrierefreien Weg zur Bismarckstraße und zum Kleist-Grab gehen. Über einen neuen Uferweg entlang der Königstraße gelingt außerdem die Anbindung an den vorhandenen Weg zum Großen Wannsee. Somit wird zusätzlich eine direkte fußläufige Verbindung von den Schiffsanlegern zum Kleist-Grab hergestellt.

Blick hinunter zum Kleinen Wannsee

Schloss- und Gartenanlagen von Klein-Glienicke, Nikolskoe und Pfaueninsel

Teil des UNESCO-Welterbes Schlösser und Parks von Potsdam und Berlin

Die seit der Mitte des 17. Jahrhunderts unter dem Großen Kurfürsten (1620–1688) und seiner ersten Gemahlin Louise Henriette von Nassau-Oranien (1627–1667) einsetzende systematische Kultivierung der »Insel Potsdam« legte den Grundstein für ein in Jahrhunderten gewachsenes Kulturerlebnis von internationaler Bedeutung.

Noch zu Lebzeiten des Großen Kurfürsten, d. h. 1682, sechs Jahre vor seinem Tod, wird von ihm der Grundstein für seinen letzten Schlossbau, das Jagdschloss Glienicke gelegt. Im Verbund mit der schon 1660–1663 von ihm erbauten ersten Glienicker Brücke sollte sich schrittweise an dieser Nahtstelle zwischen Berlin und Potsdam längst der Haveluferhänge bis hin zur Pfaueninsel der Kern der von Peter Joseph Lenné im 19. Jahrhundert vollendeten Kulturlandschaft entwickeln.

In seinem berühmt gewordenen »Verschönerungsplan der Umgebung von Potsdam« entwirft Peter Joseph Lenné 1833 seine großartige Vision einer mit Schlössern, Gärten und Parks verschönerten »Insel Potsdam«. Deutlichen Raum auf dieser Karte nimmt eine weitere große Insel ein: es ist der heute zu Berlin gehörende sogenannte »Glieneck'sche Werder«.

Jagdschloss Glienicke

In seiner ein halbes Jahrhundert umfassenden Lebensarbeit gelang es Lenné, auch in dem zu Berlin hin gelegenen östlichen Teil der »Insel Potsdam« nicht nur die schon im ausgehenden 18. Jahrhundert begonnene Gestaltung der Pfaueninsel zu vollenden, sondern vor allem die topographisch besonders reizvolle Naturlandschaft von Nikolskoe mit einzubeziehen.

An ganz zentraler Stelle sind hier die Gartenanlagen von Klein-Glienicke zu nennen, die, ausgestattet mit landschaftsverschönernden Baulichkeiten, noch immer weithin das Ostufer des Jungfernsees beherrschen. Die Schloss- und Gartenanlagen im Ortsteil Wannsee wurden 1990 zusammen mit den Potsdamer Schlössern und Gärten in die Welterbeliste der UNESCO unter dem Titel »Schlösser und Parks von Potsdam und Berlin« aufgenommen. Zum Berliner Teil des Welterbes gehören in Wannsee: Park und Jagdschloss Glienicke, Park und Schloss Glienicke, die Insel Kälberwerder, die Pfaueninsel mit ihren Bauten sowie die nordöstlich des Landschaftsparks Glienicke gelegenen Uferbereiche mit der Kirche St. Peter und Paul, dem Blockhaus Nikolskoe und dem Forsthaus Moorlake. Auch die Glienicker Brücke und der nördlich des Jagdschlosses gelegene Böttcherberg mit der Loggia Alexandra sind Bestandteile des Berliner Welterbeareals, das durch Sichtachsen über die Wasserflächen der Havel hinweg mit den Potsdamer Anlagen verbunden ist.

Wenn auch die gartenkulturellen Anfänge in Klein-Glienicke im ausgehenden 17. Jahrhundert, also noch zur Zeit des Großen Kurfürsten, im südlich der heutigen Königstraße gelegenen Jagdschlossbereich zu suchen sind, so gilt doch unbestritten der Pleasureground nicht nur als frühester, sonder vielleicht auch als schönster Höhepunkt der landschaftlichen Gartenkunst Peter Joseph Lennés im Berlin-Potsdamer Kulturraum.

1816, im Jahr seiner Ankunft in Potsdam, entworfen und zeitgleich ausgeführt vermittelt der Glienicker Pleasureground nach langjähriger Restaurierung durch die Berliner Gartendenkmalpflege in den 1980er Jahren heute nicht nur wieder anschaulich preußische Gartenkultur auf höchstem Niveau, sondern verdeutlicht zugleich die zentrale Potsdamer Grundidee: Alle Gärten und Bauten sind Teil eines größeren Ganzen. Das so über den Kulturraum der »Insel Potsdam« im Laufe von drei Jahrhunderten stetig gewachsene und von Lenné vollendete ungemein wirkungsvolle Geflecht von Blickbeziehungen über die Havel hinweg, ein unsichtbares und dennoch so überaus prägendes Koordinatensystem, ist gemeinsam mit den bau- und gartenkünstlerischen Zeugnissen der eigentliche Schlüssel zum Verständnis dieser einzigartigen Kulturlandschaft.

Landschaftspark

Von gravierender Bedeutung für die Glienicker Parkanlagen sollte ein besonderer Umstand werden: es ist dies die in der Zeit nach den napoleonischen Kriegen einsetzende Phase des Klassischen Landschaftsgartens mit dem so prägend werdenden Prinzip des zonierten Landschaftsgartens. Wir erkennen nun allenthalben in den Lennéschen Parkanlagen – und damit auch in Glienicke – eine konsequente Beachtung der räumlich, gestalterisch und ordnungsmäßig zu trennenden, ganz unterschiedlichen Gartenbereiche; das heißt der große Landschaftspark ist vom prinzlichen Hausgarten, dem Pleasureground sowie dem Gartenhof geschieden.

Der nach Entwürfen Lennés für den Prinzen Karl – der Glienicke 1824 erwerben konnte – angefertigte, sehr frühe »Schauplan« der Garten- und Parkanlage zu Klein-Glienicke aus der Zeit um 1825 macht deutlich, wie geschickt es Lenné verstand, nach Vollendung des Pleasuregrounds und nach vollständiger Aufgabe des Hardenberg'schen Gutsbetriebes und der Glienicker Ziegelei nun auch die bis dahin noch landwirtschaftlich-gartenbaulich genutzten Areale gartenkünstlerisch zu gestalten und die lebhafte Topographie des Geländes zur Erzeugung laufend wechselnder Raum- und Landschaftsbilder zu nutzen.

Ein Erweiterungsplan Lennés aus dem Jahre 1831 zeigt, dass der Park noch einmal um mehr als das Dreifache nach Osten vergrößert werden sollte. Ausgeführt wurde lediglich der Bereich bis zum

Casino

Nikolskoer Weg, womit der Park seine endgültige Grenze erreichte. Südlich der Berlin-Potsdamer Straße hat Lenné in diesem Entwurf auch den Böttcherberg, einen beherrschenden Aussichtspunkt, und die Verbindung zu dem ab 1833 entstehenden Babelsberger Park in die Gesamtplanung mit einbezogen.

Bauten und Landschaftsbilder im Glienicker Park geben Zeugnis von den höchst ambivalenten Kunstströmungen ihrer Zeit: Nördlich eines ideal gedachten, von Ost nach West verlaufenden Höhenrückens, die Alpen versinnbildlichend, erwecken ausgedehnte Laubholzbestände mit kleinen Lichtungen den Eindruck eines nordeuropäischen Waldes. In Anlehnung an diese Vegetationsbilder wurde offensichtlich auch der Baustil der Parkgebäude entwickelt. Der Jägerhof – 1828 von Schinkel – und das Jägertor – 1842 von Persius – im »nördlich der Alpen« gelegenen Areal errichtet, sind im englisch-gotischen Tudorstil erbaut worden. Das südliche, zum Schloss hin abfallende Gelände, auf Südeuropa hindeutend, zeigt hingegen neben der an Italien erinnernden Bauweise der Parkbauten – Schloss, Kasino, Gärtner- und Maschinenhaus, Gutshof, Matrosenhaus – auch eine offenere Behandlung der Parkpartien.

Die bei Lenné, aber auch bei Pückler immer an bevorzugten Aussichtspunkten geplanten, häufig mit Bäumen umstellten Rondellplätze, aber auch Jagdschirme, Baumkanzeln, Einsiedeleien, Pförtnerhäuschen, Brücken und dergleichen Parkausstattungsstücke mehr trugen darüber hinaus zu einer hohen Erlebnisqualität und zum großen Abwechslungsreichtum bei.

Der Glienicker Park, zumal das topografisch ungemein reizvolle, zum Jungfernsee hin gelegene Hangufer, war im übrigen mittels eines scharf an der Hangkante geführten Panoramaweges auf Aussicht angelegt. Schon kurz hinter dem Hofgärtner- und Maschinenhaus, also am Beginn des großen Landschaftsparks, genießt man einen »Fächerblick« von einem ersten Lindenrondell aus, um bald zur romantischen Erlenbrücke, über einer kleinen Schlucht gelegen, zu kommen, von wo aus man über einen künstlich angelegten Schluchtgraben weiter zum Zeltenplatz geht, mit einem hervorragenden Blick zum Marmorpalais am Heiligen See.

Den Panoramaweg weiter gehend kommt man schließlich zum eigentlichen Höhepunkt der »Uferinszenierungen«, dem großen Wasserfall an der nach Entwürfen von Ludwig Persius errichteten Teufelsbrücke, von wo aus man einen spektakulären Blick in die Tiefe des unter der Brücke rauschenden Wasserfalles, aber auch eine weite Aussicht in die Ferne des Jungfernsees genießen kann. Ein letzter aussichtsreicher Blick ergibt sich schließlich noch vom Großen Jagdschirm, oberhalb des 1828 nach einem Entwurf von Karl Friedrich Schinkel errichteten Jägerhofes, der zur Unterbringung der Jäger, Reiter und Hundeführer, einschließlich Pferde und Meute, für die von Prinz Karl geschätzte Parforcejagd diente.

Glienicke wurde damit Teil einer von Lenné strategisch gedachten, landschaftlich wirksamen Gesamtinszenierung, in die nicht nur die Kulisse der Stadt Potsdam, sondern auch zahlreiche in der Nähe der Havelgewässer liegende Schlösser, Brücken, Wasserwerke, aber auch andere Parkarchitekturen, wie künstliche Wasserfälle, Pump- oder Maschinenhäuser, später auch Turmvillen mit einbezogen wurden. So entstand im Laufe von Jahrzehnten das Abbild einer italienischen Ideallandschaft.

Löwenfontäne

Prinz Karls Bemühen, durch testamentarische Verfügung einen ungeschmälerten Erhalt von Glienicke zu ermöglichen – an erster Stelle wurde das Kasino und der Klosterhof mit all ihren Kunstwerken genannt – erfüllte sich nicht.

Nicht zuletzt durch den raschen Tod seines Sohnes Friedrich Karl und den Übergang des Erbes an den noch sehr jungen Enkel Friedrich Leopold begann der unaufhaltsame Verfall des Schinkelschlosses sowie aller Nebenbauten und des Parks selber.

Als Friedrich Leopold im Jahre 1931 verstarb, ging das Erbe auf seinen noch minderjährigen Enkel Friedrich Karl (1919–2006) über. Der Sohn, Prinz Friedrich Sigismund (1891–1927), war schon vorher tödlich verunglückt. Friedrich Leopold wurde auf dem für sich und seine Familie angelegten Familienfriedhof im Park zu Glienicke – nahe der Römischen Bank – beigesetzt. Als erster wurde hier sein Sohn Friedrich Karl (1893–1917), dann seine Tochter Victoria Margarethe und schließlich sein Sohn Friedrich Sigismund bestattet.

Auch in Verfolg dieser tragischen Todesfälle nahm nunmehr der Verfall Glienickes seinen raschen Fortgang. Teile des wertvollen Inventars,

Wasserfall

sowohl des Schinkel- als auch des Jagdschlosses, wurden versteigert und der weitaus größere Teil des Parks ab 1934 schrittweise an die Stadt Berlin verkauft.

Jahrzehntelang kaum noch gepflegt und zunehmend verwahrlost, gelang es schließlich seit den 1980er Jahren, auch im großen Landschaftspark von Klein-Glienicke durch erste gezielte gartendenkmalpflegerische Maßnahmen einen allenthalben sichtbaren Verfall zumindest punktuell aufzuhalten und neuerlich die große Erlebnisqualität und Bedeutung des Glienicker Parks deutlich zu machen. Erinnert sei hier unter anderem an die in den Jahren 2001 bis 2003 erfolgte umfassende Instandsetzung des Felsenteiches, in der Nähe des Zeltenplatzes gelegen, die Sanierung und Wiederinbetriebnahme des Wasserfalles an der Teufelsbrücke und an die Instandsetzung von Wegen im Umfeld des Felsenteiches sowie die Herausarbeitung des Zeltenplatzes.

In jüngster Zeit konnte darüber hinaus noch der sogenannte Prinzenfriedhof, oberhalb des Matrosenhauses liegend, gartendenkmal-pflegerisch grundinstandgesetzt und diese Maßnahme 2011 abgeschlossen werden. Auf diesem kleinen prinzlichen Hohenzollern-Friedhof, 1924 nach Plänen von Ludwig Lesser (1869–1957) vom Enkel und Erben des Prinzen Carl, Prinz Friedrich Leopold von Preußen (1865–1931) für sich und seine Familie an hochgelegener und vormals aussichtsreicher Stelle des Schlossparks dort angelegt, wo seine prinzlichen Kinder besonders gerne spielten, wurde 2007 der letzte kinderlos gebliebene männliche Namensträger der Karl-Linie, Prinz Friedrich Karl von Preußen (1919–2006) bestattet.

Pleasureground

Zwar war mit Karl Heinrich August Graf von Lindenau (1755–1842), der Glienicke in den Jahren 1796–1812 besaß, ein in Gartendingen durchaus erfahrener Eigentümer in Glienicke tätig. Er führte erstmalig »englische Gartenanlagen« ein. Doch nach den napoleonischen Befreiungskriegen war das Gelände des späteren Pleasuregrounds grundlegend neu zu ordnen. Dieses gelang Lenné 1816, als er im Auftrag des neuen Glienicke-Besitzers Karl August Fürst von Hardenberg (1756–1822) seinen ersten Entwurf in Preußen realisierte. Lennés Arbeit wurde noch im selben Jahr ausgeführt und begründete seinen bleibenden Ruhm.

Lenné gelang es, die zwischen Schloss, dem späteren Kasino und der Glienicker Brücke gelegenen, damals noch ganz unterschiedlich genutzten Bereiche zu einem einheitlichen, landschaftlich gestalteten Schlossgarten zu verschmelzen. Dieser nach englischem Vorbild »Pleasureground« genannte prinzliche Hausgarten zeichnet sich durch einen besonderen Reichtum an wertvollen Gehölzen und Schmucksträuchern, zahlreichen artifiziellen Blumenbeeten, aber auch die in eleganten Schwüngen geführten Lennésche Parkwege, kostbaren Skulpturenschmuck und Wasserkünste aus.

Zu großer Meisterschaft sollte es Lenné im Glienicker Pleasureground in der Bodenmodellierung bringen, auch dies erstmalig in Preußen. Durch Aufschüttung von drei Erdhügeln verlieh er dem 3 Hektar kleinen prinzlichen Garten ein höchst anspruchsvolles Relief, das bis heute von der Meisterschaft Lennés in der hohen Kunst der Modellierung seiner Parks und Gärten berichtet.

Auch wenn sich der Hardenberg'sche Pleasureground später nie mehr grundlegend verändern sollte und sich damit bis heute eine Lennésche Inkunabel Preußischer Gartenkunst weitgehend authentisch erhalten hat, kam es doch seit der Inbesitznahme des Gutes von Klein-Glienicke im Jahr 1824 durch Prinz Carl von Preußen (1801–1883), dritter Sohn König Friedrich Wilhelms III. (1770–1840), zu nicht unerheblichen baulichen Aufschmückungen. Von zentraler Bedeutung ist hier ohne Zweifel der Um- und Neubau des im Kern schon 1750 errichteten Gutshauses, das nun durch Karl Friedrich Schinkel zwischen 1824 und 1827 für Prinz Carl und seine Familie hergerichtet wurde.

Einen entsprechenden Rundgang wird man in der Regel im Blumenhof des Schlosses beginnen. Als intimer »Antiken-Garten« ist dieser Blumenhof seit 1987 wieder reich mit Blumenbeeten geziert, aber auch mit Brunnen, wie ein aus Weimar stammender Abguss der Ildefonso-Gruppe, Schlaf und Tod vorstellend.

Betritt man den Pleasureground durch eine Pergola, sieht man zuerst an der Westwand des Schloss die marmorne Skulptur einer Venus-Italica nach Antonio Canova (1757–1822) und das ihr zu Füssen liegende buchsbaumgesäumte lilienförmige Teppichbeet, um weitergehend schließlich vor die nach Süden orientierte Hauptfront des Schlosses zu gelangen. Dort erkennt man unschwer die diesen Bereich dominierende, nach Plänen Karl Friedrich Schinkels 1837/38 errichtete, der Villa Medici in Florenz nachempfundene Löwenfontäne, mit ihrem reichen Wasserbild. Die beiden vergoldeten Bronzelöwen hatte Prinz Carl von seiner Schwester Charlotte, Gemahlin des russischen Zaren Nikolaus I., als Geschenk erhalten.

Zum Stibadium, einem erhöht liegenden Sitzplatz, führt ein eiserner Laubengang, dessen besonderer Schmuck zwei erhaltene Sphingen aus der Lindenauschen Zeit bilden. Das 1840 nach Plänen von Ludwig Persius (1803–1845) auf den Fundamenten eines Gewächshauses aus der Zeit um 1800 errichtete Stibadium beinhaltet eine halbrunde Sitzbank, nach altrömischem Vorbild Exedra genannt. Von hier aus hat man, geschützt durch ein zeltartig geformtes Holzdach, mit farbiger antikisierender Bemalung dekoriert und von einer Karyatide getragen, einen tiefen Blick über eine von Johann Gottlieb Christian Cantian (1794–1866) geschlagene Granitschale hinaus über die alte Reichsstraße I. und den jenseits dieser Straße gelegenen Jagdschlosspark sowie den Tiefen See auf die Silhouette von Potsdam. In Potsdam fällt vor allem die Kuppel der Schinkel'schen Nicolaikirche ins Auge – und damit erschließt sich das römische Vorbild, der Blick vom Monte Pincio auf die Stadt Rom mit seinem kuppelgekrönten Petersdom.

Weitergehend gelangt man – immer wieder weite Fernblicke genießend – zur hart an der Königstraße liegenden Kleinen Neugierde, einem Teepavillon, von Schinkel 1825 umgebaut. Die Südseite des kleinen Antentempels wurde von Prinz Carl mit antiken Spolien geschmückt, und das Innere 1827 durch Julius Schoppe nach Entwürfen Schinkels im antikisierenden Stil ausgemalt. Die florentinische Renaissancearkade, von Prinz Carl in Italien erworben, wurde einschließlich des mit Zinkguss-Akroterien ausgestatteten Giebelschmucks 1847/48 eingefügt.

Unmittelbar neben der Kleinen Neugierde ziert seit 1827 ein Hochzeitsgeschenk der Schwester Charlotte, eine auf einem großen Granitfindling sitzende und wasserspendende Brunnenplastik, die sogenannte »Laitière«. Es handelt sich um eine Kopie einer 1810 vom russischen Bildhauer Pavel Petrovitsch Sokolow für den Park Zarskoje Selo (heute Puschkinpark) geschaffenen Plastik. Weitergehend erreicht man die Höhe des Kleinen Lenné-Hügels mit der vielleicht schönsten Aussicht vom Pleasureground in die Tiefe des Jungfernsees. Außerdem sieht man vom Lenné-Hügel eine malerisch aufgeschichtete Gruppe von Architekturfragmenten im Rasen liegend, u.a. zwei besonders kostbare dorische Säulentrommeln des im 5. Jh. v. Chr. errichteten Poseidontempels von Kap Sunion. In unmittelbarer Nähe steht die sog. »Froschfontaine«, ein kniender Knabe mit Wasserschale aus Zinkguss gefertigt.

Sich langsam der Glienicker Brücke nähernd, stößt man schließlich auf die von Karl Friedrich Schinkel 1838 geschaffene Große Neugierde, ein auf Anregung des Kronprinzen Friedrich Wilhelm zurückgehendes Belvedere, von dem aus man heute wieder schöne Aussichten auf Potsdam, Babelsberg und die Villa Schöningen, schon jenseits der Glienicker Brücke gelegen, genießen kann.

Weitergehend erreicht man das am Jungfernsee liegende Kasino – mit flachem Mittelrisalit und Marmorexedra an der Ostseite und zwei vorspringenden Flügelbauten an der Havelseite –, das 1824 einschließlich seiner beiden Pergolenarme ebenfalls von Schinkel errichtet wurde. Von dort aus sieht man das in der Ferne liegende Pfingstbergschloss, aber auch die Türme der Villa Henckel. Durch den nördlichen Pergolenarm des Casinos blickend erkennt man im Übrigen als point de vue die malerische Baugruppe des 1836–1838 von Ludwig Persius errichteten Hofgärtner- und Dampfmaschinenhauses.

Vorbeigehend am Klosterhof, ein Gebäudekomplex, den Prinz Carl von der Insel Certosa, vor den Toren Venedigs liegend, für Glienicke zur musealen Präsentation seiner mittelalterlichen und byzantinischen Kunstwerke erwerben konnte, wo er ihn vom Architekten Ferdinand von Arnim (1814–1866) 1850 neu aufbauen ließ, sieht man schon sehr bald die von Persius 1839 errichtete Orangerie. Einschließlich der beiden Gewächshäuser grenzt die Orangerie nach der in den 1980er Jahren erfolgten Rekonstruktion wieder den Pleasureground baulich geschickt vom Landschaftspark ab.

Durch das noch an die Gartenzeit Lindenaus erinnernde Linden-Oktogon, ein von alten Linden gesäumter Rundplatz, der schon im Bestandsplan von 1805 dargestellt worden ist, beendet man den Rundgang schließlich wieder am Ausgangspunkt, dem Blumenhof des Schlosses von Klein-Glienicke.

Das nach dem Tode des Carl-Enkels, Prinz Friedrich Leopold von Preußen (1865–1931), einsetzende schwerste Geschehen führte schließlich zum abschnittsweisen Erwerb Glienickes durch Berlin noch in den dreißiger Jahren. Die Verwüstungen des Zweiten Weltkriegs und noch nicht denkmalpflegerisch begründete Nachkriegsinstandsetzungen machten schließlich eine grundlegende Restaurierung der nun städtisch gewordenen Park- und Gartenanlagen erforderlich. Die seit 1978 in Verantwortung der Berliner Gartendenkmalpflege durchgeführten konservatorischen Maßnahmen haben inzwischen vor allem zu einer vielbeachteten Wiedergewinnung des Glienicker Pleasuregrounds geführt.

Es bleibt zu hoffen, dass in den nächsten Jahren auch im großen Landschaftspark die im Pleasureground, aber auch im Jagdschlosspark und auf dem Böttcherberg schon so erfolgreich begonnenen gartendenkmalpflegerischen Instandsetzungsmaßnahmen umfassend fortgesetzt werden können. Vor allem ist dringlich zu wünschen, dass die noch immer auf verschiedene Verwaltungen verteilte Zuständigkeit für die Klein-Glienicker Anlagen aus zwingender konservatorischer Verantwortung in einer Hand, der Gartendirektion der Stiftung Preußische Schlösser und Gärten Berlin-Brandenburg, zusammengefasst wird.

Pleasureground

Nikolskoe

Die Kulturlandschaft in Nikolskoe, sich hinziehend am Havelufer, zwischen Moorlake und der Pfaueninsel, wird durch die weithin sichtbare Kirche St. Peter und Paul dominiert. 1834–1837 wurde die Kirche durch Albert Dietrich Schadow (1797–1869) und Friedrich August Stüler (1800–1865) in Form der Schinkelschen Vorstadtkirchen errichtet.

Die Kirche ist gestaltet nach Ideen Karl Friedrich Schinkels und Friedrich Wilhelms IV. – unter Verwendung russischer Architekturdetails, wie der weithin leuchtenden Zwiebelkuppel über der Kirche. Sie entstand in einer Zeit enger Verbundenheit Preußens mit Russland, die durch die Eheschließung der Tochter Charlotte Friedrich Wilhelms III. mit dem späteren Zaren Nikolaus I. nachdrücklich unterstrichen wurde. Aber schon mit dem 1819 errichteten »Blockhaus Nikolskoe« in der Art russischer Blockhäuser beginnt eine ungemein romantisch-dekorative Aufwertung der Havelhänge in unmittelbarer Nähe und in Blickbeziehung zur königlichen Pfaueninsel.

Zum Gesamtensemble gehören neben der Kirche und dem als Restaurant genutzten Blockhaus Nikolskoe auch die ehemalige Königliche Freischule samt Küsterhaus, 1837 ebenfalls von Schadow in Form einer italienischen fabricca erbaut, und der dahinter liegende Friedhof der Pfaueninsel, der 1837 unter Beteiligung Lennés angelegt wurde.

Für die landschaftliche Gestaltung des heutigen Forstgebietes zwischen dem prinzlichen Park von Klein-Glienicke und der Pfaueninsel unterscheiden wir zwei Phasen: in der ersten Phase von 1816 bis 1819 werden nicht nur das Hauptwegenetz, sondern auch das Blockhaus errichtet und erste flächenhafte Aufforstungen der bis dahin ziemlich kahlen Uferhänge unter Leitung des auf der Pfaueninsel tätigen Hofgärtners Ferdinand Fintelmann angelegt sowie der Uferweg mit Bäumen bepflanzt.

In der zweiten, besonders wichtigen Phase von 1834 bis 1848 kommt es nicht nur zur Errichtung der Kirche und des Schulhauses, sondern die teilweise schon aufgeforstete Naturlandschaft wird im Auftrag Friedrich Wilhelm VI. schließlich durch Peter Joseph Lenné »durch angemessene Pflanzungen und Communicationswege« (Lenné) in eine gestaltete Kulturlandschaft verwandelt.

Das letzte in dieser Phase errichtete Gebäude war schließlich das Forsthaus Moorlake, 1841 von Ludwig Persius (1803–1845) für Prinz Carl von Preußen als prinzliche Unterförsterei im Schweizerhausstil errichtet und seit 1875 als Gaststätte genutzt.

Blockhaus Nikolskoe

Pfaueninsel

In das geschichtliche Interesse gerät die zwischen Berlin und Potsdam in der Havel gelegene Insel – damals noch Kaninchenwerder genannt – schon im 17. Jahrhundert, als der Große Kurfürst (1640–1688) die später berühmt werdende Insel an den Alchimisten und Glasmacher Johannes Kunckel (1630–1703) erb- und eigentümlich übereignete. Kunckel nutzte die abgelegene Insel zur Produktion farbiger Zier- und Gebrauchsgläser, namentlich des berühmt gewordenen Goldrubinglases.

Jedoch erst mit der Thronbesteigung Friedrich Wilhelm II. (1744–1797) sollte die Pfaueninsel, in der Zeit des beginnenden Frühklassizismus und der sentimentalen, frühlandschaftlichen Gartenkunst, erstmalig gestaltet und geprägt werden. Seine relativ kurze Regierungszeit von 1786–1797 nutzte der König – seit 1793 in den vollständigen Besitz der Insel gekommen –, um das vom Marmorpalais von Potsdam aus mittels Gondelfahrten gut erreichbare exotische Eiland – gleich einem märkischen Cythera – als romantisches und sehr privates Refugium zu gestalten. Schon 1795 wurde auf der nun in Pfaueninsel umbenannten Insel mit dem Bau des Schlösschens begonnen. Der vom Hofzimmermeister Brendel errichtete und mit Ölfarbe überstrichene Fachwerkbau steht auf der Westspitze der Insel und ist vom Neuen Garten aus über das Wasser hin als verlockendes Ziel gut zu erkennen.

Entscheidend bei der Gestaltung der frühen Baulichkeiten auf der Insel wurde die Geliebte des Königs, Wilhelmine Enke, spätere Gräfin Lichtenau (1753–1820), die nicht nur die Innenausstattung des ein verfallenes römisches Landhaus vortäuschenden Schlösschens, darunter das Otaheitische Kabinett, weitgehend selbst gestaltete, sondern auch die markant weiß gestrichene Fassade des hölzernen Bauwerkes. Auf sie geht auch die ebenfalls von Brendel 1794/95 ganz im Osten der Insel errichtete Meierei – ein eingefallenes gotisches Gebäude vortäuschend – zurück.

Der erste Hofgärtner der Pfaueninsel J. A. Ferdinand Fintelmann (1774–1863) gestaltete vor allem den westlichen und den nordöstlichen Teil der Insel um das Schloss und die Meierei. Dazwischen blieben Teile des ursprünglichen Eichenwaldes mit seinen uralten Eichen erhalten, bzw. es entstand unter Fintelmann schließlich eine sogenannte »ornamented farm«. Teile der 385 Morgen großen Insel werden zu Ackerland umgebrochen, jedoch diese Nutzflächen, landschaftsgärtnerische Prinzipien beachtend, buchtenreich in die Waldflächen hineingeschoben, so das sich wie im Wörlitzer Vorbild fast unmerklich das Schöne mit dem Nützlichen verbindend die Insel sich nicht als Park, sondern als eine »aufgeschmückte Landschaft« präsentierte.

Der Nachfolger des Königs, Friedrich Wilhelm III. (1770–1840), sollte sich mit seiner Familie in den Sommermonaten ebenfalls gerne und häufig auf der Pfaueninsel aufhalten, vor allem in den napoleonischen Notjahren. Er folgte damit seiner Vorliebe für eine ertragreiche, jedoch immer ästhetischen Prinzipien Rechnung tragenden ländlichen Gutswirtschaft.

Nach den Befreiungskriegen sollte sich die Insel noch einmal verändern, in der Zeit des Klassischen Landschaftsgartens wurde sie von 1822–1834, gemeinsam mit Hofgärtner Ferdinand Fintelmann, durch Peter Joseph Lenné als durchgestalteter Englischer Landschaftspark weiterentwickelt und mit einem vorzüglichen System von in weiten Schwüngen landschaftlich geführter, aussichtsreicher Wege, als stumme Führer, durchzogen. Zu den bevorzugten baulichen Blickpunkten auf der Pfaueninsel gehören Bauten wie das nach Schinkels Entwurf 1830/31 errichtete, leider später abgebrannte Palmenhaus, das 1824/25 umgebaute gotische Kavalierhaus oder der sich wie ein kleiner dorischer Antentempel präsentierende Portikus, der 1829 vom Schlossgarten Charlottenburg in die Nähe der Meierei versetzt wurde und in dessen Inneren eine Büste an die Königin Luise erinnert, die ebenfalls die Pfaueninsel schätzte.

Zu den weiteren Besonderheiten der Lennéschen Zeit gehört vor allem der Rosengarten, der 1821 angelegt wurde, aber auch der »Runde Garten«, ganz in der Nähe des Hofgärtnerhauses, der anstelle eines früheren Weinberges angelegt wurde und im Sommerhalbjahr die schönsten Gartenblumen präsentiert.

Aus dem nach und nach auf die Pfaueneninsel verbrachten fremdländischen Tieren entwickelte sich ein regelrechter Zoologischer Garten, so wie es der Monarch bei seinen Aufenthalten in Paris im Jardin de Plantes kennen- und schätzen gelernt hatte. Im 1830 durch Albert Dietrich Schadow 1830 errichteten Lama-Haus – an das bis heute der erhaltene Lama-Brunnen erinnert – wurde beispielsweise als Tierhaus für sieben Lamas, zwei Guanakos und eine große Anzahl von Papageienvögeln genutzt. Als dieser Bau 1842 abbrannte und etliche Tiere ein Opfer der Flammen wurden, entschloss sich der Monarch schließlich, alle exotischen Tiere in den neugegründeten Berliner Zoologischen Garten abzugeben.

Bereits 1924 wurde die Insel als erster historischer Garten in Berlin-Brandenburg unter Naturschutz gestellt, jedoch schon damals mit der Maßgabe, nicht nur das in der Tat bedeutende naturlandschaftliche Erbe vor drohender Bebauung und anderen Zerstörungen zu schützen, sondern vor allem das hochbedeutende gartenkulturelle Erbe.

Nachdem die Insel im Zweiten Weltkrieg nur wenig in Mitleidenschaft gezogen war, und sie teilweise als Ackerfläche und als Sommerlager für Jugendliche genutzt wurde, konnte sie seit den 1980er Jahren entsprechend ihrer hohen kulturlandschaftlichen Bedeutung durch die Stiftung der Staatlichen Schlösser und Gärten Berlin-Brandenburg nach wissenschaftlich-konservatorischen Prinzipien behutsam wieder instand gesetzt werden.

Schloss auf der Pfaueninsel

WEST

- Charlottenburg
- Wilmersdorf
- Spandau

Delphi-Terrassen

Zu den markanten und beliebten Gebäuden Charlottenburgs gehört das 1895–1897 vom Architekten Bernhard Sehring (1855–1932) errichtete Theater des Westens, ein eklektizistischer Bau, dessen Hauptfassade in einer ungewöhnlichen Stilmischung zwischen Palladianismus und Jugendstil überrascht.

Zu dem von Bernhard Sehring gestalteten baulichen Ensemble an der Ecke Kant- und Fasanenstraße gehört von Anfang an ein im Stil italienischer Villengärten gestalteter Theatergarten, der über die ungemein repräsentative Kaisertreppe gut an das Theater angebunden ist.

Mit dem 1927/28 – wiederum nach Plänen Sehrings – errichteten Bau des Delphi-Tanz-Palastes wurden Teile des Gartens überbaut, und der vordere, zur Kantstraße hin gelegene Gartenbereich erhöht und durch Sehring als beliebtes Gartenlokal neu angelegt.

Die durchweg alle Bauten Bernhard Sehrings auszeichnenden baulich-dekorativen Ausstattungsstücke, wie liegende Sphingen mit den markanten Weihegefäßen auf ihren Rücken, neobarocke Puttengruppen, formal-dekorativ gestaltete Balustermauern, großen Säulen mit ihren markanten Beleuchtungskränzen, Schmuckvasen, aber auch kostbare Natursteinplatten, gaben diesem Garten eine ganz unverwechselbare Note.

In den Nachkriegsjahren kam es im Zusammenhang mit dem 1949 in vereinfachten Formen wiederaufgebauten Delphi-Kino zu einer erheblichen Reduzierung der ursprünglichen Ausstattung der Delphi-Terrassen. Erst durch das im Auftrag der Industrie- und Handelskammer zu Berlin und des Vereins der Berliner Kaufleute und Industrieller errichtete Ludwig-Erhard-Haus an der Fasanenstraße konnte im Wege des Ausgleichs und Ersatzes für Eingriffe in die vorhandene Denkmalsubstanz eine minutiöse gartendenkmalgerechte Wiederherstellung der Delphi-Terrassen in Angriff genommen werden.

Die glücklicherweise eingelagerten wertvollen baulichen Gartenausstattungen wurden nach Jahrzehnten des Vergessens wieder aufgespürt und zurückgeführt und im Rahmen eines von der Gartendenkmalpflege betreuten umfassenden Restaurierungskonzeptes in den Jahren 1997/98 wiedereingebaut. Somit konnte an einer städtebaulich markanten Stelle, in unmittelbarer Nähe des Kurfürstendammes und des Bahnhofes Zoologischer Garten, ein Stück glanzvolles Berlin der aufregenden 1920er Jahre wiederhergestellt und in neuerliche Nutzung genommen werden.

Delphi-Terrassen

Gärten am Kant-Dreieck

Im unmittelbaren Umfeld des Kant-Dreiecks waren es lange Zeit zwei Gärten, die den gartenbegeisterten Besucher in ihren Bann ziehen: einmal das unmittelbar an der S-Bahn liegende Künstlerhaus St. Lukas, 1890 von Bernhard Sehring (1855–1941) als eigenes Wohnhaus mit Gartenhof errichtet, und der direkt an der Kantstraße liegende Delphi-Palast mit den ebenfalls von Bernhard Sehring 1928 geschaffenen Delphi-Terrassen. Durch ein schmiedeeisernes Gitter geschützt kann der Betrachter jederzeit den zauberhaften Gartenhof des Künstlerhauses St. Lukas betrachten und fühlt sich mitten in Berlin in den Burghof einer mittelalterlichen Rhein-Burg versetzt. Die Delphiterrassen – inzwischen wiederhergestellt – verbreiten ebenfalls einen ganz eigenen Gartenzauber in der Großstadt.

Zu diesem bemerkenswerten gartenkulturellen Erbe Berlins gesellt sich seit 1994 eine dritte, ebenso attraktive Gartenanlage: es sind die von dem Architekten Josef Paul Kleihues (1933–2004) im Zusammenhang mit seinem Hochhaus geplanten Außenanlagen. Nach einigem Suchen, wo sich denn dort überhaupt eine Gartenanlage befindet, wird man fündig und entdeckt eine Freiraumgestaltung, die in ihrer Strenge und minimalistischen Handschrift den Architekten verrät und den Besucher mit einem Kontrastprogramm zu Bernhard Sehring überrascht.

Der Freiraum überzeugt in der Tat durch ein Minimum an Gartengrün, dominiert durch lediglich eine Kastanie, in einem Meer aus Mosaikstein-Pflaster stehend, ein wenig Rasen, dafür aber den Blick im Sommer auf eine das Auge und das Gehör ungemein belebende und erfrischende »Wassertreppe« lenkend. Man fühlt man sich für Augenblicke in italienische Renaissance-Gärten versetzt, die mit ihren außergewöhnlichen Wasserangeboten immer wieder das Entzücken des Betrachters hervorrufen. Hier hat Kleihues mitten im steinernen Berlin eine ganz ungewöhnliche Aufenthaltsqualität gezaubert, zumal in warmen und trockenen Sommermonaten, die zum Verweilen und Genießen dieses »asketischen Gartens« – wie Hans Stimmann einmal sagte – einlädt, eingeschlossen den zur Kantstraße hin gelegenen Gartenteil mit der von Markus Lüpertz geschaffenen mythologischen Kriegerbronze.

Kant-Dreieck

Ernst-Reuter-Platz

An der Stelle einer Kreuzung, früher Knie genannt, wo die aus Berlin kommende Straße nach Charlottenburg abknickt, entstand in den Jahren 1956–1960 der nach dem Regierenden Bürgermeister Berlins benannte Ernst-Reuter-Platz.

Der ursprünglich reine Verkehrsplatz wurde – aufgrund eines Wettbewerbsergebnisses – nach einem städtebaulichen Entwurf von Bernhard Hermkes (1903–1995) als großer Rundplatz mit einer straffen orthogonalen Gliederung angelegt. Die mit rund 180 Metern Durchmesser sehr große grüne Mittelinsel mit ihren charakteristischen Wasserspielen und Blumenbeeten gestaltete hingegen der bekannte Berliner Senatsbaudirektor Werner Düttmann (1921–1983). Der Ernst-Reuter-Platz sollte sich schnell zu einem markanten Symbol der neuen Städtebauauffassung des Nachkriegs-Berlin entwickeln.

Gestalterisch prägende Elemente des repräsentativen Schmuckplatzes sind ohne Zweifel zwei große rechteckige Wasserbassins, ausgestattet mit 41 sich permanent drehenden bzw. »tanzenden« Springstrahlen, und die weithin in den Stadtraum und die Ost-West Achse wirkende gewaltige Fontäne im Zentrum. Nur wenige Bäume erlauben ein optimales Überblicken des Stadtplatzes und eine gute Sichtbeziehung auf die in den 1970er Jahren um den Platz herum errichteten Bürohochhäuser und die Gebäude der Technischen Universität.

Die schon zu Beginn der Neugestaltung des Ernst-Reuter-Platzes geplante Erinnerungs-Skulptur an Ernst Reuter wurde schließlich von dem bekannten Berliner Bildhauer Bernhard Heiliger (1915–1955) geschaffen. Die als »Flamme« bezeichnete Skulptur wurde 1963, jedoch nicht auf dem Platz selber, sondern seitlich, am Rande des Gehwegbereiches aufgestellt.

Auch wenn sich der große grüne Platz aufgrund seiner schlechten Erreichbarkeit kaum als wohnungsnaher Erholungsplatz bewähren sollte, erfüllt er doch bis heute seine Rolle als repräsentativer Stadtplatz und als sichtbares Zeichen eines neuen und modernen städtebaulichen Neuanfanges und Überlebenswillens nach den Verheerungen des Zweiten Weltkrieges, unter denen die Stadt Berlin bekanntermaßen besonders leiden musste.

Mit bereitgestellten Sondermitteln des Bausenators und eines öffentlichen Unternehmens konnte für den stark überholungsbedürftigen Platz schließlich in den Jahren 1998/99 ein Sanierungskonzept entwickelt und auch umgesetzt werden. Neben der Brunnentechnik und dem wichtigen Wasserbild funktioniert nun auch wieder die beliebte Brunnenbeleuchtung, und es gelang auch, die Flächen entsprechend den überlieferten Pflanzplänen neu aufzupflanzen, so das sich jetzt wieder die traditionellen Rosen- und Staudenbepflanzungen im originalen Farbkonzept präsentieren.

Ernst-Reuter-Platz

Gartenhof Mommsenstraße 6

Der erste Bauauftrag für den jungen Architekten Albert Gessner (1868–1953) war ein Mietshaus mit 15 Wohnungen in der Mommsenstraße 6 in Charlottenburg, errichtet auf einem Grundstück, das ihm sein Schwiegervater Ferdinand Harnisch, ebenfalls Architekt und Immobilienunternehmer, zur Verfügung gestellt hatte. Das 1904 bezugsfertige Mietshaus – wegen des gelben Rauhputzes »Gelbes Haus« genannt – erregte schnell das Interesse der Fachöffentlichkeit, wurde mehrfach positiv besprochen und rezensiert und sollte den Ruf Gessners als vorzüglicher Architekt für Mietswohnhäuser begründen.

Der Gestaltung des kleinen Gartenhofes maß der Architekt besondere Sorgfalt zu, musste er doch für die höchst aufwendigen Wohnungen im »Landhausstil« den fehlenden Garten in der baulich stark verdichteten Großstadt ersetzen und die Illusion behaglich-eleganter Gartenkultur erzeugen. Gessner schuf in jener Zeit eine Reihe ähnlicher Gartenhöfe, so an der Niebuhrstraße 78 auf einem Grundstück mit altem Baumbestand, das an den Hof Mommsenstraße 6 anschließt.

Dem unschwer dem Jugendstil zuzuordnende Gartenhof Mommsenstraße 6 verlieh Gessner durch Rankspaliere mit ihren teilweise blühenden, aber auch immergrünen Rankern ein südliches Flair. Das Grün korrespondiert sehr schön mit den Kugelbuchsbäumen in den hölzernen Jugendstilkübeln. Gestalterischer Höhepunkt ist eine Kopie der Venus von Medici mit Brunnenbecken zu ihren Füssen. Wenn im Sommer der Springbrunnen läuft, kann man sehr anschaulich Gessners Idee des sich weit in den Gartenhof ergießenden belebenden Wassers nachvollziehen, rollt einem doch förmlich das Wasser in Form grüner, leicht ausmodellierter »Rasenwellen« entgegen.

Bei der von der Berliner Gartendenkmalpflege zu verantwortenden Restaurierung dieses wertvollen Gartenhofes wurde 1988 im übrigen auch auf die sorgfältige Wiederherstellung des Bodenbelages aus polygonalen Fliesen geachtet, die nicht zuletzt durch ihre rote Farbgebung im Sinne der Farbenlehre Goethes im Kontrast zur grünen Vegetation eine zeitlos schöne, harmonische Farbkombination ergibt. Durch eine gläserne Tür im Durchgang zum Gartenhof kann man sich, auch ohne den Hof zu betreten, die Schönheit dieser kleinen Gartenoase in Ruhe betrachten.

Jugendstilgarten

Lietzenseepark

Der Lietzensee ist Teil einer natürlichen Rinne, die ihren Ursprung in einer Endmoränenlandschaft hat und daher deutlich tiefer liegt als das umliegende Charlottenburg. Noch bis weit in das 19. Jahrhundert hinein reichten Ackerland und Wald bis an den See heran, nur allmählich entstanden erste Landhäuser und Gärten, so auch der »Park Witzleben«, den eine private Terraingesellschaft samt See erwarb, um das Gebiet als Bauland zu vermarkten.

Um den Wert der Baugrundstücke noch zu steigern, ließ die Baugesellschaft mehrere öffentliche Uferanlagen gestalten, die dann in den Besitz der Stadt Charlottenburg übergingen. So wurden nicht zuletzt manche Uferböschungen parkmäßig bepflanzt, und an der Südspitze des Sees entstand schon 1905 eine schlichte Grünanlage, die zeitgleich nach dem in Charlottenburg wohnenden Rechtslehrer Heinrich Dernburg genannt wurde. Schon wenige Jahre später wurde diese schlichte Grünanlage unter Erwin Barth mit einem aufwendigen architektonischen Kaskadenbrunnen umgestaltet, dessen Schmuck nicht nur die Brunnenkaskade und Pergolen, sondern auch geschnittene Platanen, Treppen, Sitzplätze, Blumenbeete, Hecken, Rasenfelder und Rhododendronpflanzungen darstellen. 1913 konnte dieser mit der »Großen Wasserkaskade« versehene Dernburgplatz eingeweiht werden. Und in den Jahren 2005/06 wurde diese besondere Schmuckanlage aufwendig gartendenkmalpflegerisch restauriert und die gesamte Wassertechnik überholt.

Fast zeitgleich mit der Anlage des Dernburgplatzes gelang es der Stadt Charlottenburg, die inzwischen den besonderen städtebaulich-grünplanerischen Wert des Lietzensees erkannt hatte, das noch unbebaute Westufer und den See selber zu erwerben, mit dem Ziel, hier einen Volkspark und entsprechende öffentliche Zugänge anzulegen. Schon im Mai 1914 legte Erwin Barth hierzu Entwurfsplanungen vor, die aber wegen Ausbruch des Krieges erst nach 1919 in Angriff genommen wurden. Im Sommer 1920 konnte der weitläufige Park – mit Ausnahme der erst später erfolgten baulichen Ergänzungen – der Bevölkerung übergeben werden.

Es gelang Barth gleich nach seinem Amtsantritt und noch vor Ausbruch des Ersten Weltkrieges, den ebenfalls schon in der Entstehung begriffenen Kuno-Fischer-Platz am Ostufer des Lietzensees neu- und umzugestalten. Er schuf einen räumlich differenzierten Zugangsbereich, der sich mit seinen Terrassen zum See hinunter senkt, weshalb man von einem reichen Sitzbank-Angebot aus noch heute bevorzugte Blicke zum Westufer des Lietzensees hat.

Einen anderen sehr großzügigen, platzartigen Eingangsbereich mit weiten Blicken über den See plante Barth zum Kaiserdamm hin. Die hier schon seit 1906 bestehende kleinteilige Gestaltung beseitigte er zugunsten eines offenen, von weiten Rasenflächen geprägten Parkbereiches, den man von einem mit zahlreichen Sitzbänken ausgestatten Vorplatz aus betritt. Man kann jedoch auch von dem höchst dekorativen – die Neue Kantstraße querenden, aus rotem Sandstein errichteten – Brückenbauwerk den Park erreichen und am Ufer des Sees gehend die einzelnen Parkbereiche erwandern, vorbei an altem Baumbestand und weitläufigen Rasenflächen sowie an kleineren, zum Aufenthalt einladenden platzartigen Wegeaufweitungen in geometrischen Formen. Es gibt Kinderspielplätze, wie eine rechteckige Spielwiese, die gemeinsam mit einem Parkwächterhaus Teil eines betont

Lietzenseepark

formalen Parkbereiches darstellt. Einen weiteren gartenkünstlerischen Höhepunkt stellt der in der Achse der Sophie-Charlotte Straße, unmittelbar am Rand des Gehweges, stehende Brunnen dar, aus dessen Wasser die zum See herunter führende sogenannte »Kleine Kaskade« gespeist wird.

Von den ursprünglich im Park aufgestellten Skulpturen, wie dem 1924 am Eingang Kaiserdamm aufgestellten »Bogenschützen« von Hugo Lederer (1871–1940), ist heute nur noch das im Südteil des Parks befindliche Gefallenen-Ehrenmal des Königin-Elisabeth-Regimentes – 1925 von Eugen Schmohl (1880–1926) errichtet – vorhanden. Nach dem Zweiten Weltkrieg folgten dann seit den 1950er Jahren zahlreiche neue Bildwerke, an unterschiedlichen Stellen des Parks aufgestellt. Seit der in den 1980er Jahren erfolgten Unterschutzstellung des Lietzenseeparks konnte nicht nur der Dernburgplatz generalüberholt, sondern auch weiter Teilbereiche instand gesetzt oder den Barth'schen Plänen entsprechend gartendenkmalpflegerisch restauriert werden.

Mierendorffplatz

Der Mierendorffplatz gehört zu einer Reihe Charlottenburger Stadtplatze, die Erwin Barth gleich nach seiner 1912 erfolgten Anstellung als Charlottenburger Stadtgartendirektor planen und umsetzen musste.

Erwin Barth stoppte bei seinem Dienstantritt die damals schon begonnenen Arbeiten und widmete sich der Neugestaltung des Gustav-Adolf-Platzes besonders intensiv. Er plante liebevoll auch scheinbar nebensächliche Details wie Ziergitter, Brunnen, Bänke, Pflanzschalen, Eingangstore oder Gartenleuchten, aber auch die Wechselbepflanzung der Blumenbeete intensiv durch und ließ sich nicht davon beirren, dass er für eine Gegend plante, die kinderreich und ein Arbeiterviertel war. Im Gegenteil, im sonst sehr reichen Charlottenburg verteidigte er stets seine betont soziale Vorgehensweise bei der Gestaltung seiner neuen Charlottenburger Gartenplätze.

Der schon 1912 weitgehend vollendete regelmäßige »Gartenplatz« bestand im Zentrum aus dem vertieften, mit Staudenrabatten komplett gesäumten Rasenplatz mit zentral gelegenem Springbrunnen und einem davon getrennt und höher liegenden Kinderspielplatz, räumlich-städtebaulich gefasst durch kastenförmig geschnittene Platanen.

Wie viele auch seiner späteren Gartenplätze beschränkte sich Barth auf wenige Gehölze, hier vorrangig auf Platanen und Flieder, und setzte diese in architektonisch-raumkünstlerischer Weise ein. Großzügige Blumenrabatten erfreuten im Sommerhalbjahr durch eine verschwenderische Fülle die sonst mit Privatgärten unterversorgten sozial schwachen Bürger.

Der schon im Frühjahr 1913 der Öffentlichkeit übergebene Gartenplatz wurde nach erheblichen Kriegszerstörungen und anschließender kleingärtnerischer Nutzung 1950/51 wieder in alter Form instand gesetzt und erhielt seinen neuen Namen nach dem sozialdemokratischen Reichstagsabgeordneten Dr. Carl Mierendorff (1897–1943). 1975 kam es zu erheblichen Eingriffen in das Platzgefüge im Zusammenhang mit der U-Bahn-Erweiterung bis Spandau, was die 1978 eingerichtete Berliner Gartendenkmalpflege nutzte, um gemeinsam mit dem Bezirk Charlottenburg eine detailgetreue und denkmalgerechte Grundinstandsetzung des Platzes erfolgreich durchzusetzen.

Gartenleuchten am Mierendorffplatz

Mierendorffplatz mit Springbrunnen

Savignyplatz

Im Hobrecht-Plan von 1862 ist der im Schnittpunkt von acht Straßen liegende und von der Kantstraße spiegelbildlich halbierte Blockplatz erstmalig ausgewiesen. 1884 erfolgt eine erste schlichte Gestaltung als »Rasenschmuckplatz«, der 1887 nach dem bedeutenden Rechtsgelehrten sowie Preußischen Justizministers Friedrich Carl von Savigny (1779–1861) benannt wurde.

Bereits 1911 gibt es Umgestaltungspläne der Architekten Leeser und Rosenthal, die in ähnliche Richtung weisen wie die 1926/27 erfolgte Gestaltung durch den Charlottenburger Stadtgartendirektor Erwin Barth.

Der jedoch erst unter seinem Nachfolger Felix Buch ausgeführte Barth-Entwurf beinhaltete zwei weitgehend identische, rechteckige große Rasenparterres, gerahmt von einer breiten Prachtstaudenrabatte, deren Blühhöhepunkte man im Sommerhalbjahr von den in den markanten Treillagen eingestellten Sitzbänken genießen kann.

Auf der südlichen, zur S-Bahn hin orientierten Platzfläche wurde ein Kinderspielplatz mit cincm Unterstandshäuschen angelegt, in dem sich heute ein Verteilerhäuschen der GASAG befindet. Am Rande der nördlichen Platzhälfte werden noch 1931 zwei bronzene Bildwerke »Knabe mit Ziegenböcken« des Bildhauers und Begas-Meisterschülers Prof. August Kraus, mit einer mittig gelegenen kleinen Vogeltränke, aufgestellt. Gerahmt wird der Platz bis heute durch eine dichte Baum- und Strauchbepflanzung aus Flieder. Von der ursprünglichen Platzanlage wird ein kleiner, von Alfred Grenander stammender, 1905 errichteter und 1987 aufwendig restaurierter Zeitungskiosk – in unmittelbarer Nähe der Kantstraße gelegen – übernommen.

Anlässlich der Wiederherstellung des Platzes nach den Plänen von Erwin Barth, die auf Betreiben der Berliner Gartendenkmalpflege in den Jahren 1984–1986 erfolgte, wurde eine fehlende Knaben-Figur durch Nachguss ersetzt und gemeinsam mit der erhaltenen wieder auf gemauerten Klinkersockeln einschließlich der Vogeltränke an historisch belegter Stelle neu aufgestellt. Vorhandene Mosaikwege wurden erneuert, die den Platz dominierenden Rankgitter mit den eingestellten Sitzbänken einschließlich der Barthschen Beleuchtungskörper wiederhergestellt sowie die Prachtstaudenrabatte nach erhaltenen Fotos aus der Anlagezeit rekonstruiert.

Savignyplatz

Schlossgarten Charlottenburg

Der Charlottenburger Schlossgarten ist nicht nur der älteste noch existierende historische Garten Berlins, sondern neben dem Berliner Tiergarten wohl auch der bedeutendste. Unter Kurfürst Friedrich III. (1657–1713) kommt es schon ab 1695 unter der Leitung von Johann Arnold Nering (1659–1695) zur Errichtung eines ersten, noch sehr bescheidenen Schlossbaus für Kurfürstin Sophie Charlotte in unmittelbarer Nähe der Spree, so dass man dieses Lusthaus auch gut mit dem Schiff vom Stadtschloss aus erreichen konnte. Der zeitgleich angelegte, ebenfalls noch relativ bescheidene Schlossgarten sollte schon ab 1697 unter dem aus Paris gerufenen Simeon Godeau nicht nur deutlich erweitert, sondern dem damals modernen französischen Geschmack AndreLe Notres folgend um ein Broderieparterre mit einem zentral gelegenen Wasserbecken mit Mittelfontäne ausgestattet werden.

Die erste Phase der Anlage von Schloss und Garten in Lietzenburg fand mit der offiziellen Einweihung am 1. Juli 1699 ihr Ende. Neue Bau -und Gartenprojekte wurden erst wieder in Angriff genommen, nachdem das kurfürstliche Paar als gekrönte Monarchen 1701 aus Königsberg in Ostpreußen nach Berlin zurückgekehrt waren. Mit Hilfe des schon 1699 als Hofarchitekt angestellten jungen Schweden Johann Friedrich Eosander von Goethe (1689–1728) wurden noch 1701 neue Pläne zu einer deutlichen Erweiterung des Schlosses ausgearbeitet, und das relativ kleine Schloss wurde nun in ganzer Breite dem Garten angepasst, so dass wie in Versailles ein großartiger Schlossprospekt auf ganzer Länge mit dem Garten korrespondieren konnte.

Nach dem überraschenden Tod der Königin im Jahr 1705 sollte dennoch unter Friedrich I. eine weitere, dritte Bauphase beginnen. Es wurde nicht

Schloss Charlottenburg

nur westlich des Schlosses 1709–1712 die große Orangerie mit dem davor liegenden Orangerieparterre angelegt, sondern auch der Berceau-Saal und drei Angelhäuser an der Spree wurden errichtet.

Alle Arbeiten im Garten sollten jedoch nach dem Tode des Königs rasch ihr Ende finden. Nach dem Regierungsantritt Friedrich Wilhelms I. (1688–1740) wurden alle noch laufenden Arbeiten eingestellt, Schlösser, wie das Jagdschloss Glienicke, verkauft, und selbst vormals bedeutende Gärten, wie der Lustgarten in Berlin, vollständig aufgelöst und als Exzerzierplatz für das Militär genutzt. Die Sanierung des Staatswesens, der Abbau der vom Vater geerbten beträchtlichen Schulden und der Ausbau der Armee standen nun im Zentrum des königlichen Interesses.

Erst nach dem 1740 erfolgten Regierungsantritt Friedrichs II., der schon am ersten Tag nach dem Tode seines Vater, des Soldatenkönigs, Schloss Charlottenburg bezog, gab es ein neues fürstliches Interesse an Schloss und Garten von Charlottenburg. Georg Wenzeslaus von Knobelsdorff (1699–1753), nun zum »Surintendanten aller Königl. Schlösser, Häuser und Gärten (und) Directeur en chef aller Bauten in den sämtlichen Königl. Provinzen« ernannt, vollendete umgehend die offensichtlich schon in Rheinsberg begonnenen Pläne zur Errichtung des Neuen Flügels in Charlottenburg, anstelle des dort nie realisierten zweiten östlichen Orangenhauses. Unmittelbar nach Regierungsantritt Friedrichs konnte somit sofort mit dem Bau begonnen werden und schon 1742 die Einweihung stattfinden. Lediglich die Arbeiten zur Fertigstellung des großen Festsaals, der Goldenen Galerie, zogen sich noch bis 1746 hin. Zeitgleich mit der Errichtung des Neuen Flügels begannen umfangreiche Arbeiten zur »Gartenreparatur«, wobei es vor allem um eine grundlegende Instandsetzung und Modernisierung des stark vernachlässigten Broderieparterres ging.

Schon kurze Zeit nach der Thronbesteigung Friedrich Wilhelm II. (1744–1797), das heißt ab 1787, sollte dann die schrittweise, aber doch konsequente Verlandschaftung des bedeutenden barocken Gartens beginnen, und zwar unter Leitung des aus Wörlitz nach Potsdam gerufenen Johann August Eyserbeck (1762–1801), Sohn des Schöpfers des Wörlitzer Parks, der in der entscheidenden Anfangsphase Charlottenburg den Landschaftsgartencharakter geben sollte. In jener Zeit erbaute der aus Schlesien stammende Architekt Carl Gotthard Langhans (1744–1796) 1788/89 das tief im Charlottenburger Garten auf einer Insel gelegene dreigeschossige Belvedere.

Unter Friedrich Wilhelm III. (1770–1840) wurden die begonnenen Maßnahmen in erheblichem Umfang unter Hofgärtner Rudolf Steiner fortgesetzt, der nach dem Tode Eyserbecks ab 1801 offensichtlich noch von Eyserbeck vorgezeichnete Arbeiten weiterführte. Wesentliches Merkmal dieser Gestaltungsepoche ist die Umwandlung des barocken Kanalsystems im nördlichen Teil des Gartens. Sowohl aus gestalterischen als auch aus pflegerischen Gründen schuf man ein zusammenhängendes System von Wasserläufen, das nun durch eine Verbindung zur Spree einen Zu- und Ablauf hatte. Durch die neue Führung der Wasserläufe entstand die Luiseninsel, und das noch lange Zeit geometrisch gefasste große Bassin, der sog. Karpfenteich, wurde schließlich durch Verlandschaftung der Teichufer in einen natürlichen Teich verwandelt. Weitere An- und Umbauarbeiten wurden erst wieder in größerem Umfang nach den Befreiungskriegen ab 1818 unter Leitung

Heckenquartier im Schlossgarten

Peter Joseph Lennés (1789–1866) fortgeführt. 1818 reichte er einen zusammen mit Steiner ausgearbeiteten Verschönerungsplan ein, der den ganzen Garten, allerdings unter Beibehaltung bestimmter barocker Elemente, in eine natürliche Landschaft verwandelt zeigt. Vom König offensichtlich wegen der hohen Kosten nicht akzeptiert, wird ein neues Projekt ausgearbeitet, das nun mit »einigen Änderungen« genehmigt wurde.

Lenné, der das von Eyserbeck begonnene und von Steiner fortgesetzte Werk vollenden konnte, schuf schließlich auch – ähnlich den von ihm in Klein Glienicke geschaffenen Blumenbeeten im Pleasureground des Prinzen Carl von Preußen – anstelle des barocken Broderieparterres ein mit großen Blumenbeeten, aber auch seltenen Schmucksträuchern und exotischen Pflanzen geziertes großes, sich zum Karpfenteich hin herabsenkendes Bowlinggreen, das im Grunde bis zu den Verwüstungen des Zweiten Weltkriegs Bestand hatte.

Seit den 1860er Jahren ist ein langsamer Verfall des Gartens festzustellen, nachdem es schon ab 1846 zur Zerstörung des wertvollen Fernblicks in die Tiefe der Spreeniederung durch den Bau der Hamburger Eisenbahn entlang der Nordgrenze des Schlossparks gekommen war. 1883 kam es schließlich noch zur Verfüllung der beiden Spreezuflüsse und weiterer Gräben sowie 1911 zum Verlust wertvoller Teile des Fasanengartens durch Straßenneubau.

Nach dem Ende der Monarchie und dem Zusammenbruch 1918 übernahm schließlich 1926 die Verwaltung der Staatlichen Schlösser und Gärten die Rechtsträgerschaft des Gartens, gefolgt 1950 durch das Bezirksamt Charlottenburg von Berlin.

Nach den Verwüstungen des Zweiten Weltkriegs entschloss man sich, nicht nur den Landschaftsgarten, die Heckenquartiere und die übrigen Gartenpartien wiederherzustellen, sondern fasste auch den Entschluss, das ehemalige Bowlinggreen als Broderieparterre in französischen Formen zu rekonstruieren. Schließlich ist die unter der Leitung der Schlösserdirektorin Margarete Kühn (1902–1995) erreichte Rekonstruktion des barocken Zustandes durch die Wiederherstellung des oktogalen Brunnenbeckens mit einer Fontäne in der Mitte das Broderieparterres und der Treppe an der Terrasse zum Schloss 1962 zu Ende geführt worden.

1970–1980 folgte im Zuge der Entschlammung des großen Karpfenteiches eine Wiedergewinnung der buchtenreichen Uferkonturen nach Lennéschen Entwürfen sowie eine Neumodellierung der Uferzone. Am 2. Mai 1984 wurde der gesamte Schlosspark Charlottenburg unter Denkmalschutz gestellt.

In Vorbereitung der Feierlichkeiten aus Anlass der 200. Geburtstages von Peter Joseph Lenné im Jahre 1989 konnte schließlich in den Jahren 1987–1989 von der Berliner Gartendenkmalpflege die Luiseninsel, im Zentrum des Schlossparks von Charlottenburg gelegen, wiederhergestellt werden. Der zum Karpfenteich hin gelegene, mit Kriegsschutt verfüllte Luisengraben wurde vollständig freigelegt und neuerlich geflutet und damit nach Jahrzehnten der Charakter der Insel wieder hergestellt. Zugleich wurden das aus der Zeit Lennés herrührende subtile Wegenetz sowie diverse Pflanzungen und Blumenbeete neu angelegt und drei Plastiken, der kapitolinische Amor, eine bronzene Luisenbüste und die Venus von Medici, an originalen Standorten neuerlich aufgestellt.

Sichtachse über den Karpfenteich zum Schloss

Ebenfalls wurden noch in den Jahren 1996–1998 von der Gartendenkmalpflege zwei zugeschüttete Verbindungsgräben von der Stadtspree in den Karpfenteich auf der Grundlage der Lennéschen Entwürfe wiederhergestellt und damit der Karpfenteich und das gesamte Wassersystems des Schlossgartens von Charlottenburg wieder an die Frischwasserzufuhr der Spree angeschlossen.

Nach der im Jahr 2000 erfolgten Übernahme der Rechtsträgerschaft des gesamten Schlossgartens in das Fachvermögen der Stiftung Preußische Schlösser und Gärten Berlin-Brandenburg konnte nicht nur die noch von der Gartendenkmalpflege initiierte Schaffung der beiden Spreeverbindungsgräben durch Errichtung von zwei noch fehlenden Brücken vollendet, sondern auch in den Jahren 2001 bis 2003 eine grundlegende wissenschaftlich konservatorisch anspruchsvolle Rekonstruktion des barocken Broderieparterres realisiert werden. Natürlich wurden auch Jubiläen, wie der 200. Todestag der Königin Luise genutzt, um das in einer Guache bei Karl Graeb im Jahr 1846 abgebildete Vorfeld des Luisen-Mausoleums anspruchsvoll und detailgetreu zu rekonstruieren. Eben solches geschah dann im Übrigen mit den beiden Orangerieparterres vor der großen Orangerie.

Volkspark Jungfernheide

Mit einer Gesamtfläche von 146 Hektar ist der Volkspark Jungfernheide nach dem Großen Tiergarten die zweitgrößte Parkanlage Berlins. Ursprünglich erstreckte sich der Große Tiergarten bis zur Jungfernheide, die noch bis in die Zeit des Soldatenkönigs, Friedrich Wilhelm I, eines der Hofjagdreviere war. Erst 1908 gingen etwa 800 Morgen dieses weiträumigen Geländes in den Besitz der Stadt Charlottenburg über, die hier in den Jahren 1920–1927 nach Plänen ihres Stadtgartendirektors Erwin Barth einen Volkspark anlegen ließ.

Die von Barth schon vor dem Ersten Weltkrieg begonnenen Planüberlegungen mündeten schließlich 1920 in einen von den Charlottenburger Stadtverordneten genehmigten Gesamtentwurf, der dann im Rahmen von Notstandsarbeiten in den folgenden Jahren umgesetzt wurde.

Barth ging es vor allem darum, Sportanlagen und Spielplätze sowie eine große Volksbadeanstalt – eingebettet in eine weiträumige Park-Waldanlage –, aber auch Spielwiesen für schulpflichtige Kinder sowie zahlreiche schattige und sonnige Spazierwege für Erwachsene in einer städtebaulich-gartenkünstlerisch anspruchsvollen und überzeugenden freiraumarchitektonischen Großform zu kombinieren.

Im wesentlichen gruppiert sich der große Volkspark um eine zentral angeordnete Nutzungsachse, in einem axial-symmetrisch aufgebauten Grundriss, der dominiert wird durch den im östlichen Parkteil gelegenen weithin sichtbaren Wasserturm und im Westen durch den großen Ruder- und Badeteich mit Restaurant und einer mittig gelegenen, formal ausgebildeten Insel.

Im Winter dient der Teich als große Eisbahn, im Sommer zum Schwimmen, eine Planschwiese dient als Spiel- und Erholungsstätte für Kinder. Gerahmt wird die Parkmittelachse mit ihren diversen Freizeitangeboten durch den allseits dominierenden hainartigen Waldbestand, der noch immer an das ursprüngliche kurfürstliche Jagdrevier erinnert.

Von den durch Barth im Sinne einer schmucklichen Steigerung der großen Grünanlage eingebrachten zahlreichen Parkarchitekturen bestehen nur noch einige, so die überdachten Rundbänke und Pavillons, sog Sitzpilze, nördlich und südlich des großen Sees.

Die von Gartenamtsleiter Joachim Kaiser nach dem Zweiten Weltkrieg auf den Weg gebrachten ersten Instandsetzungen wurden durch das bezirkliche Grünflächenamt und die Berliner Gartendenkmalpflege in den 1980er Jahren intensiv fortgesetzt. In diesen Jahren entstanden dann auch die unterschiedlich gestalteten Parkeingänge mit ihren roten Klinkermauern.

Noch immer stellt der Volkspark Jungfernheide die vielleicht berühmteste Parkanlage der Weimarer Republik dar. Sie überzeugt noch heute durch eine beindruckende Synthese einer »heimatlich geprägten Naturidylle«, wie der große Barth-Kenner Dietmar Land einmal sagte, und einem großen, streng formal geprägten, ebenso hohen sozialen Ansprüchen folgenden Nutzungsangebot.

Volkspark Jungfernheide

Branitzer Platz

Der 7900 m² große kreisrunde Branitzer Platz in Berlin-Charlottenburg, im Schnittpunkt von Eichen- und Kastanienallee, liegt inmitten der 1866 mit Hilfe einer Aktiengesellschaft gegründeten Villenkolonie Westend, die später unter dem Städteplaner und Unternehmer Heinrich Quistorp (1836–1902) weiterentwickelt wurde.

Der in seinen Grundstrukturen überkommene und von einer nach englischen Vorbildern geprägten Landhausbebauung ausgezeichnete Schmuckplatz stellt ein bedeutendes Zeugnis des reichen gartengeschichtlich-städtebaulichen Erbes der frühen Villen- und Landhauskolonien Berlins dar. Zunächst in oblonger Form und dreimal so groß wie heute geplant, um Kirche, Schulgebäude und Markt aufzunehmen, wurde seine jetzige Form als Rundplatz 1895 angelegt. Benannt ist der Platz seit 1897 nach dem Schloss Branitz bei Cottbus, in Erinnerung und Würdigung an den dort von Hermann Fürst von Pückler geschaffenen späten Landschaftspark. Der Rasenschmuckplatz wurde mit einer Umrahmung aus Kastanienbäumen, zunächst ein-, später doppelreihig versehen.

Zeittypischen gartenkünstlerischen Tendenzen folgend kam es nach 1918 noch zu erheblichen Aufschmückungstendenzen der als zu schlicht empfundenen weitläufigen Rasenfläche. Die im Zentrum des Rasenplatzes im Sinne eines dekorativen »Tortenbeetes« geplanten Baum- und Strauchanlagen wurden zum großen blühenden »Strauchboskett«, bepflanzt mit Flieder, Goldregen und Rotdorn, hingegen die das große Rasenrondell rahmende Blumenrabatte schon vor dem Ersten Weltkrieg nachgewiesen ist.

Zu Beginn des Zweiten Weltkriegs werden jedoch das Boskett aus Blütensträuchern sowie die dekorative Blumenrabatte vollständig entfernt und erst wieder 1950, unter Verzicht auf die Blütensträucher, hergestellt. Als Dekoration erhielt die große Rasenfläche 1960 baumseitig eine rhythmische Reihung runder Blumenbeete, offensichtlich in Anlehnung an historische Vorgaben aus der Jahrhundertwende. Die blühenden Pflanzen dieser Beete und die einheitlich rotblühenden Kastanien setzen heute markante farbliche Akzente und zahlreiche schattige Bänke laden zum Verweilen ein.

Branitzer Platz

Brixplatz

Im Schaffen Erwin Barths für Charlottenburg nimmt der (ursprünglich Sachsenplatz genannte) Brixplatz ohne Zweifel eine Sonderstellung ein. Im Gegensatz zu seinen sonstigen Charlottenburger Platzanlagen, die sich in der Regel formalarchitektonisch aufgebaut präsentieren, hat man beim Brixplatz eher das Gefühl, mitten in der Stadt vor einem sich in der Großstadt natürlich erhaltenen Landschaftsausschnitt zu stehen.

Dieser von Erwin Barth gewollte Eindruck, den er bei der Umsetzung seiner Entwurfspläne in den Jahren 1920/21 intensiv verfolgt hat, als er aus einer ausgebaggerten Kiesgrube ausschnitthaft eine wunderbare märkische Natur- und Kulturlandschaft auf kleinstem Raum inszenierte, überzeugt noch heute. Er schuf ein Naturdenkmal heimischer Vegetationsbilder und geologischer Formationen der Mark Brandenburg sowie eine äußerst anspruchsvolle wasserkünstlerische Inszenierung, um bei der Stadtbevölkerung »das Interesse und die Liebe für die Vielfalt und die natürliche Schönheit der Mark zu wecken«.

Gerahmt wird der Platz straßenseitig von Alleen, von denen aus man die große, inzwischen sehr eingewachsene Grünanlage über eine umlaufende Promenade – immer wieder tiefe Blicke in die innere Grünanlage freigebend – betritt. An den vier Platzecken trifft man auf bastionsartige Bauwerke bzw. entsprechende Terrassen. Die größte, die östliche, weist an höchster Stelle einen bei Barth als »Garten Tempel« bezeichneten Aussichtspavillon auf. Von diesem Rundpavillon aus hat man gleich einem Belvedere einen optimalen Blick sowohl in die Stadtlandschaft als auch tief in den scheinbar ganz natürlichen landschaftlichen Park hinein. Gleich einem antiken Tempel, wo dem Wasser als Quell des Lebens gehuldigt wird, ist dieser Tempel zugleich der Ausgangspunkt von Barths genial inszenierter Wasserkunst.

Beginnend an einem Wandbrunnen fließt das Wasser, noch im Gebäude, zu vier Wasserspeiern, die ihrerseits ein größeres Wasserbecken füllen, um von dort in ein von Barth als »Grottenbecken« bezeichnetes Bassin zu fließen und schließlich den großen Wassersturz zu Füßen des »Garten Tempels« zu speisen. Der künstlich aus Rüdersdorfer Kalkstein aufgemauerte mächtige Felsausschnitt erfährt in der Tat im Sommer durch die an den »Felsen« herabstürzenden Wassermassen eine ungemeine Lebendigkeit, ehe der Wassersturz dann schließlich die drei künstlich angelegten Teiche füllt.

Zu den weiteren baulichen Besonderheiten des Brixplatzes gehört in der Südwestecke des Platzes ein großer Kinderspielplatz mit Unterstandshalle. Der sich nördlich anschließende Eingangsbereich präsentiert sich als leicht erhöhter Sitzplatz, wo man im Sommer geschützt unter einer Pergola aus Knüppelholz verweilen kann und einen bevorzugten Blick auf die tief unten im Park liegende Teichkette hat. Eine weitere, besonders schöne Sitz- und Aussichtsgelegenheit im Inneren der Anlage bietet sich von einer großen Rundbank unter einem mächtigen Ahorn.

Zu den ganz besonderen Höhepunkten des Brixplatzes gehört ohne Zweifel der sich wieder in einem guten Zustand befindliche Botanische Schul-und Sichtungsgarten in der Nordostecke des Platzes, bepflanzt mit Wild- und Heilkräutern, aber auch Nutzpflanzen, liebevoll von einer engagierten Bürgerinitiative gehegt und gepflegt. Hier können der interessierte Besucher und Tourist, aber auch Eltern mit ihren Kindern den großen Pflanzenreichtum unserer Natur bewundern, kön-

Kaskade mit Pavillon

nen aber auch in die scheinbar natürliche Welt der Parkanlage eintauchen und die wechselnden Vegetationsbilder genießen.

Nach über neunzig Jahren waren leider viele Bereiche des Brixplatzes stark überholungsbedürftig, nicht zuletzt der künstliche Kalksteinbruch und die gesamte Wassertechnik. Mit Hilfe eines bei der Deutschen Stiftung Denkmalschutz erfolgreich eingeworbenen Förderantrages konnten hier schon seit 2007 mit umfassenden Sanierungsmaßnahmen begonnen werden, die allerdings noch nicht abgeschlossen sind und in den nächsten Jahren kontinuierlich fortgesetzt werden müssen.

Georg-Kolbe-Hain

Zu den kleinen, aber doch ungemein reizvollen Parkanlagen in Westend gehört seit den 1920er Jahren dieser Hain, der 1957 nach dem Bildhauer Georg Kolbe (1877–1947) benannt wurde. In unmittelbarer Nähe der Sensburger Allee, wo sich 1929 Georg Kolbe sein Wohn- und Atelierhaus errichten ließ, in dem er bis zu seinem Tod lebte und arbeitete und das 1950 als Georg-Kolbe-Museum der Öffentlichkeit übergeben wurde, entstand schon kurz nach dem Ersten Weltkrieg die Anlage des hainartigen Parks als Bestandteil eines öffentlichen Grünzuges.

Die Entwürfe für den Park lieferte Richard Köhler (1863–1930) unter Beteiligung des Charlottenburger Gartendirektors Erwin Barth, der die landschaftlich bewegte Topographie der eiszeitlichen Rinne und den Kiefernbestand des Grunewaldes geschickt für sein »natürliches« Parkkonzept einsetzte, das an höchster Stelle einen Pavillon und an tiefster Stelle zwei Teiche vorsah.

Im Rahmen der bevorstehenden Olympischen Spiele 1936 kam es zu erheblichen Umgestaltungen: es wurden nicht nur die Teiche zugeschüttet, sondern – dem in jener Zeit propagierten Naturgartenideal folgend – das Gelände in einen Heidegarten umgewandelt, dies unter Beteiligung von Heinrich Wiepking-Jürgensmann (1891–1973), einem Wegbereiter nationalsozialistischen Gedankengutes in der Garten- und Landschaftsarchitektur. Unter dem Charlottenburger Gartendirektor Felix Buch wird dann noch eine dem Heimatschutzgedanken nachempfundene, mit Reet gedeckte offene, noch immer vorhandene Unterkunftshalle errichtet.

Durch mangelnde Pflege, mehr noch durch den Schattendruck der herangewachsenen Bäume haben sich die lichthungrigen Erikaflächen jedoch längst aufgelöst. Dafür erfreuen den Besucher heute die 1957 im Georg-Kolbe-Hain aufgestellten fünf Abgüsse überlebensgroßer, von Kolbe geschaffener Bronzeskulpturen. Es sind dies die vor der Unterkunftshalle stehende »Große Knieende«, die am südwestlichen Eingang befindliche Plastik »Großer Stürzender«, die am südöstlichen Eingang stehende Gruppe »Mars und Venus« sowie die »Ruhende«, eine sich halb aufrichtende weibliche Figur in der Nähe des Pavillons, und die im Mittelgrund des Kolbe-Hains stehende Statue »Dionysos«, eine schlanke männliche Figur, die der Bildhauer bereits 1932 modellierte.

1989 konnte die Parkanlage durch die Gartendenkmalpflege unter Denkmalschutz gestellt und damit ein zugleich wichtiges grünes Bindeglied zu anderen Parkteilen Charlottenburgs vom Grunewald bis Ruhleben einem besonderen Schutz unterworfen werden. Im Jahr 2002 konnten im übrigen einige gartendenkmalpflegerische Maßnahmen durchgeführt werden.

Bronzeskulptur »Ruhende« und Pavillon

Karolinger Platz

Der Karolinger Platz befand sich zu Beginn der Tätigkeit Erwin Barths als Charlottenburger Stadtgartendirektor, also im Januar 1912, nicht mehr nur in der Planung, sondern schon in der Ausführung. Südwestlich vom Theodor-Heuss-Platz gelegen war er schon 1906 als grüner Stadtplatz im Zuge der Bebauung Neu-Westends ausgewiesen und sollte nach einem 1909 vom städtischen Obergärtner Franke vorgelegten Entwurf realisiert werden. Als im Frühjahr 1912 mit der Pflasterung der Wege mit dem charakteristischen hellen Bernburger Kalkstein-Mosaik und schwarzen Basaltmosaikbändern begonnen worden war, konnte Barth zumindest noch Einfluss auf die großen, noch ungestalteten Rasenfreiflächen nehmen, nachdem es ihm offensichtlich gelungen war, die Charlottenburger Parkdeputation von seinen Ideen einschließlich der entstehenden Mehrkosten zu überzeugen.

Barth selbst formulierte in seiner Beschreibung des Karolinger Platzes seine Grundidee, dem öffentlichen Schmuckplatz Qualitäten zuzueignen, die eigentlich bis dahin dem privaten Garten vorbehalten waren: in sich abgeschlossene und zum ruhigen Verweilen einladende Gartenräume, überwältigender Blumenschmuck sowie großzügige Kinderspielmöglichkeiten, hier innerhalb eines sogenannten »Akazienhaines« und von zwei Birkenhöfen, das heißt Ruheplätze mit zahlreichen Bänken.

Auch wenn die Arbeiten zur Platzgestaltung Ende 1913 vollendet werden konnten, wird jedoch das Unterkunfts- und Gartenarbeiterhäuschen erst 1928 fertig gestellt.

Nach dem Zweiten Weltkrieg wurden 1949 Kriegsschäden beseitigt und in den Jahren 1975–1997 Restaurierungs- und detailgetreue Instandsetzungsmaßnahmen durchgeführt. Es wurden unter anderem zwölf historisch überlieferte, vom Architekt Schwechten entworfene Beleuchtungskörper im Denkmalschutzjahr 1975 wiederaufgestellt sowie zahlreiche Ruhebänke ergänzt. Noch heute vermittelt gerade der Karolinger Platz mit seinem entscheidend durch Erwin Barth geprägten Erscheinungsbild ein weitgehend authentisches Bild eines reformorientierten regelmäßigen Gartenplatzes der frühen Barth-Zeit in Charlottenburg.

Karolinger Platz

Raußendorfplatz

Der am südlichen Ende der Preußenallee in Neu-Westend gelegene Raußendorfplatz erhielt sein Namen nach dem Kaufmann, Kunsthändler und Mäzen Hugo Raußendorf (1832–1908). Der streng formal ausgebildete Schmuckplatz liegt unmittelbar an der ab 1874 zu einer breiten Prachtstraße ausgebauten Chaussee, die von Kaiser Wilhelm II. 1911 dem Verkehr übergeben wurde. Die Heerstraße ist Teil der bekannten Ost-West-Achse, die am Berliner Schloss beginnt, durch den Tiergarten, den Kaiserdamm, über den Theodor-Heuß-Platz bis zum Olympischen Dorf, schon weit außerhalb Berlins gelegen, führt. Der Raußendorfplatz, vom bekannten Charlottenburger Gartenbaudirektor Erwin Barth (1880–1933) 1925 angelegt, öffnet sich nicht nur großzügig zur breiten Heerstraße, sondern bildet zugleich die Verbindung zwischen Heerstraße und den anschließenden repräsentativen Wohnvierteln, mit ihren großzügigen Mietshäusern in Neu-Westend bzw. der bekannten, schon jenseits der Reichsstraße gelegenen Villen- und Landhauskolonie Westend.

Die Platzfläche selber, aus mehreren »grünen Quadraten« gebildet, erhält ihre Rahmung aus niedrigen Ligusterhecken und kleinkronigen Rotdornbäumen. Der eigentliche Schmuck und künstlerische Höhenpunkt ist jedoch ohne Zweifel die im Mittelfeld der Preußenallee stehende, 1908 geschaffene Bronzeskulptur »Der Ringer« von Hugo Lederer. Auf hohem Travertinsockel stehend schreitet der Sportler quasi auf die Heerstraße zu und lädt den Besucher ein, das nahegelegene, 1913 eröffnete Deutsche Stadion, das spätere Olympiastadion, zu besuchen.

Der bekannte Bildhauer Hugo Lederer (1871–1940), seit 1895 als freier Bildhauer in Berlin tätig, war seit 1912 Professor an der Berliner Hochschule für Bildende Künste, wo er den Lehrstuhl für Plastik übernehmen konnte. Zu seinen bekanntesten Werken gehört ohne Zweifel sein schon 1902 vorgelegter Entwurf für das monumentale Bismarck-Denkmal in Hamburg.

Bronzeskulptur »Der Ringer«

Sommergarten auf dem Messegelände

Der Beginn baulicher Aktivitäten auf dem späteren Messegelände setzte noch vor dem Ersten Weltkrieg ein, als im Jahr 1914 der Reichsverband der Automobilindustrie eine erste Ausstellungshalle errichten ließ. Der erste bauliche Höhepunkt in den 1920er Jahren war der von Heinrich Straumer (1870–1937) geplante und 1926 eingeweihte Funkturm. Schon wenige Jahre später legen dann Martin Wagner (1885–1957) und Hans Poelzig (1869–1936) einen umfassenden Bebauungsplan für das gesamte Messegelände vor. Von der geplanten terrassierten Gartenanlage im Zentrum des Messegeländes überlebte schließlich ein 1929/30 nur teilweise ausgeführter »Steingarten« nach Entwürfen Leberecht Migges (1881–1935).

Das im Zentrum des Ausstellungsgartens ursprünglich geplante große ovale Schwimmbecken wurde aufgrund der anhaltenden Wirtschaftskrise ebenfalls nicht ausgeführt, stattdessen erhielten der Gartenarchitekt Ludwig Lesser (1869–1957) und sein Sohn Richard – basierend auf den Planungen Wagners und Poelzigs – den Auftrag, einen Terrassengarten zu entwickeln, der dann auch anlässlich der Ausstellung »Sonne, Luft und Haus für alle« am 14. Mai 1932 eröffnet wurde. Dieser Terrassengarten, der eine Kombination von Ausstellung, Kultur und Erholung in gärtnerisch anspruchsvoll gestalteten Grün- und Gartenanlagen darstellte, wurde von da an als »Sommergarten auf dem Messegelände« bezeichnet. Es handelte sich um einen großen ovalen Terrassengarten, dessen umlaufende Stützmauern aus Rüdersdorfer Kalkstein bestanden und dessen drei Terrassenstufen durch Treppen miteinander verbunden waren.

In den kommenden Jahren, bis in den Zweiten Weltkrieg hinein, kam es dann zu wiederholten Um-und Neugestaltungen. So übernahm schon 1934 Gustav Allinger (1891–1971) die Planung für die nun unter dem Motto »Sommerblumen am Funkturm« veranstaltete Ausstellung, ein Jahr später folgte Hermann Mattern (1902–1971), wobei es insbesondere im mittleren Bereich zu Veränderungen kam, die das gewaltige Oval rahmenden Pappelreihen blieben jedoch weitgehend unangetastet.

Zu einem weiteren erheblichen Eingriff sollte es dann noch ein Jahr vor Ausbruch des Zweiten Weltkriegs kommen, als die Anlage im Zusammenhang mit der propagandistischen Ausstellung »Berge, Menschen und Wirtschaft der Ostmark« neue Akzente erhielt: die Überformung der Rosen- und der Staudenterrasse zu einer nun geneigten Böschungsfläche sollte mit entsprechend neuer Bepflanzung dem Besucher einen echt »ostmärkischen« Eindruck vermitteln.

Die Neu- und Umgestaltungen hielten auch nach dem Zweiten Weltkrieg an – nicht zuletzt bedingt durch den 1950 erfolgten Einbau des Marshall-Hauses –, mit der Folge, dass die nun keiner übergeordneten Konzeption mehr folgenden Eingriffe zunehmend die ursprünglich klare Ausformung der Anlage zu verwischen drohten.

Erst die schließlich von der Gartendenkmalpflege initiierte und begleitete, in den Jahren 1998–2000 von der Senatsverwaltung für Bau-und Wohnungswesen, Projektgruppe Messe, erfolgte erste gartendenkmalpflegerische Überarbeitung verfolgte schließlich eine konsequente Wiederherstellung der Freiraumkonzeption nach den Planungen Ludwig und Richard Lessers, von denen noch der untere Mauerring mit Treppen sowie die die ovale Rasenfläche rahmende Kiefernhecke erhalten waren. Ebenfalls konnten der lückig gewordene Säulen-Pappel-Ring ergänzt und die ehemaligen Kaffee-Terrassen wiederhergestellt werden.

Sommergarten im Pappeloval

Rüdesheimer Platz

Im Zusammenhang mit der geplanten Bebauung für das »Rheingau-Viertel« in Wilmersdorf legte 1906 die Terraingesellschaft Berlin-Südwesten eine städtebauliche Gesamtkonzeption und einen Bebauungsplan vor, den ihr Direktor Kurt Haberland und der Architekt Paul Jatzow (1875–1940) entwickelt hatten.

Den zur Gestaltung des Platzes ausgeschriebenen Wettbewerb gewann die Arbeitsgemeinschaft des Gartenarchitekten Heinrich Berg (1853–1913) und des Architekten H. von Hoven. Ihr Plan sah, bei einer übersichtlichen Anordnung des Platzes und einer geschickten Ausnutzung der Höhenunterschiede, im Westen einen erhöht liegenden Springbrunnen vor, dessen Wasser sich in ein tiefer liegendes Becken ergoss, und im östlichen Platzbereich einen Baumhain in streng geschnittener Kastenform, der zur Rasenfläche mit einer halbrunden Balustrade abschloss. Die große freie, zentral angeordnete Rasenfläche sollte von Blumenrabatten, Alleen und geschnittenen Hecken eingefasst werden.

1911 kam es dann zur Ausführung des leicht geänderten Entwurfes, und zwar unter Beteiligung des Wilmersdorfer Gartenamtsleiters Richard Thieme und des Chefarchitekten der Terraingesellschaft Paul Jatzow, der vor allem für die bis 1914 realisierte Randbebauung verantwortlich war. Im Wesentlichen war der Platz durch eine klare Dreiteilung bestimmt: Im Zentrum liegt das große, vertieft angelegt Boulingrin mit den die Ecken schmückenden Blumenbeeten, und im Westen schloss sich – vor einem im Sommer Schatten spendenden Baumhain stehend – die den ganzen Platz weithin dominierende monumentale Brunnenanlage eines »Rossebändigenden Siegfrieds« an. Der mächtige neubarocke Siegfriedbrunnen mit seinen flankierenden Assistenzfiguren »Rhein« und »Nahe« des Bildhauers Emil Cauer d. J. (1867–1946) thematisiert die Landschaft des Rheingaues.

Um die Raumwirkung des Schmuckplatzes noch zu verstärken, legte man den Platz relativ tief und überwand den sich dadurch ergebenden Höhenunterschied zur Straße, bzw. zu den leicht ansteigenden Vorgartenzonen, durch steile Rasenböschungen. Die den Platz flankierenden Rasenböschungen wurden ihrerseits mit Säulen-Eichen und auf den Böschungskronen mit dekorativen Rosenbögen besetzt.

Schon 1929 wurden erste Umgestaltungen erwähnt, jedoch erst in der Nachkriegszeit kommt es zu massiven Eingriffen. So wird 1950 die unter dem östlichen Baumhain liegende Rasenfläche für einen Spielplatz aufgelöst und 1978 der mittlere Platzbereich mit seinem großen Rasenspiegel ebenfalls für einen Kinderspielplatz geopfert. In Brunnennähe entstanden dafür regelmäßig angeordnete, große quadratische Blumenbeete, in einem Meer von Natursteinpflaster liegend, das eine vielfältige Nutzung zulässt. Insgesamt zeichnet sich der Rüdesheimer Platz trotz der geschilderten Eingriffe durch ein hohes Maß an authentisch erhaltener Schmuckplatz-Qualität und eine besondere Funktionalität aus.

Siegfriedbrunnen

Volkspark Wilmersdorf

Die ursprünglich Seepark genannte Anlage, die mitten im Ersten Weltkrieg in Hindenburgpark umbenannt wurde und erst am Ende des Zweiten Weltkriegs ihren heutigen Namen Volkspark Wilmersdorf erhielt, sollte sich in der ersten Phase ab 1913 östlich an den damals gerade vollendeten Schöneberger Rudolph-Wilde-Park anschließen. Den Entwurf zu dem noch ganz traditionell im landschaftlichen Stil konzipierten Park schuf der sehr erfolgreiche spätere Wilmersdorfer Gartendirektor Rudolf Thieme (1876–1948), der den langgezogenen Park in drei Bereiche mit unterschiedlichen Gestaltungsschwerpunkten untergliederte.

Der östliche Teil A des Parks erstreckte sich von der Schöneberger Gemeindegrenze bis zur heutigen Bundesallee, Teil B begann an der Bundesallee und endet heute an der Blissestraße, Teil C erstreckte sich von hier bis zur Rudolstädter Straße. Teil A konnte schon 1913 fertiggestellt werden. Dieser Parkteil zeichnet sich durch malerische Strauch- und Baumgruppen aus, hingegen die inneren Parkbereiche – von Gehölzwuchs freigehalten – sich als weiträumige Wiesentäler präsentieren, so dass sich bis zu 200 Meter lange Sichtachsen durch die ganze Tiefe dieses Parkteils ergeben. Es gab im übrigen der Volksparkidee folgend Spielplätze, und eine Wiese war auch schon als Spiel- und Rodelwiese freigegeben. Ganz im Westen, zur heutigen Bundesallee hin, wurde 1921 auf einem halbkreisförmigen kleinen repräsentativen Platz eine Skulptur »Speerwerfer« des Bildhauers Karl Möbius (1876–1953) aufgestellt.

Für den mittig gelegen Teil B hatte Richard Thieme 1911 einen ersten, sehr attraktiven Entwurf vorgelegt, der jedoch u.a. wegen des in diesem Parkteil zunehmend verlandenden Sees – der schließlich nach dem Ersten Weltkrieg zugeschüttet werden musste – nicht ausgeführt wurde, was Thieme zu einer völlig neuen Konzeption zwang. Thieme entwarf nun im Osten einen Spielplatz, eine rechteckige Spielwiese im Zentrum und im Westen eine Planschwiese. Der Bau des mittleren Parkbereiches erfolgte schließlich erst in den 1930er Jahren auf Grundlage eines neu erarbeiteten Entwurfes, der u.a. eine Liegewiese, eine Blumenanlage und weitere Spiel- und Sportplätze vorsah. Nach dem Zweiten Weltkrieg wurde der zentrale Parkbereich dann noch einmal unter Gartendirektor Wilhelm Riemann um- und neugestaltet, der vor allem in den Ostteil einen Stauden- und Blumengarten einfügte. Weitere Umgestaltungen, darunter die Schaffung zusätzlicher Ruheplätze, wurden in 1960er Jahren nach den Entwürfen von Eberhard Fink und Karl Schmid realisiert.

Der langgestreckte Westteil C des Volksparks, mit dem Fennsee im Zentrum, konnte von Thieme schon 1920 abgeschlossen werden. Um das Wasser in Ruhe genießen zu können, lenkte Thieme die Spaziergänger auf einen Rundweg um den ganzen See. Zu letzten kleineren Veränderungen kam es dann noch einmal Anfang der 1960er Jahre wegen Straßenumbauarbeiten an der Blissestraße. Eberhard Fink schuf in diesem Zusammenhang weitere Sitzplätze an beiden Seiten der Straße sowie zusätzliche Ruheplätze südlich des Fennsees.

Von Beginn an als Volkspark geschaffen, der ganz bewusst eine Vielzahl von Möglichkeiten für Spiel und Sport in allen Parkteilen einräumte, ist der Volkspark Wilmersdorf aber auch ein schönes Beispiel für einen behutsam in die vorgefundene Landschaft hineinkomponierten Park, der zugleich ausreichende Möglichkeiten für den genussreichen Spaziergang und ruhiges Verweilen erlaubt.

Volkspark Wilmersdorf

Johannaplatz

Zu den bedeutendsten Platzanlagen der 1889 gegründeten Villenkolonie Grunewald gehören der 1895 ausgeführte Bismarckplatz sowie der unmittelbar benachbarte 1896 angelegte Johannaplatz.

Bei der Gestaltung beider Plätze wirkte der königliche Garteninspektor Röhr mit, der den 5.300 Quadratmeter großen Johannaplatz, ein formal relativ streng in sechs Platzbereiche aufgeteilter Platz, als einen repräsentativen Rasenschmuckplatz anlegte. Entsprechend den hohen städtebaulichen Ansprüchen der Villenkolonie Grunewald war auch der Johannaplatz von Anfang an mit herrschaftlichen Villen- und Landhäusern gesäumt. Beide Platzhälften präsentieren sich noch heute als ein großzügig konzipierter, landschaftlicher Schmuckplatz der Kaiserzeit.

Der Platz ist nicht nur mit den ungemein prägenden mächtigen Blutbuchen bestanden, sondern auch mit dendrologischen Besonderheiten, wie einem Ginkgo biloba und weiteren zeittypischen Laub- und Nadelgehölzen. Insgesamt gesehen herrscht nach wie vor auf dem Johannaplatz ein ausgesprochen landschaftlicher Schmuckplatzcharakter vor und dient damit noch immer der optisch wirksamen Erweiterung der wenigen, ohnehin schon großzügig geschnittenen Villengrundstücke mit ihren tiefen Vorgärten um den Platz herum.

Heute ist dieser ursprünglich intendierte, stark kulturlandschaftlich geprägte Zusammenhang von Schmuckplatz, Villengarten und Villa einschließlich ihrer Vorgärten nur noch im südlichen Teil des Platzes gut erlebbar. Ende des 19. Jahrhunderts erhält der Platz schließlich seinen Namen nach der Frau von Otto von Bismarck, Johanna, geborene von Puttkamer. 1912 wird der Platz erstmalig geringfügig umgestaltet.

Im Rahmen der Bildung von Groß-Berlin im Jahr 1920 wurde der Platz – ursprünglich zur Landgemeinde Grunewald gehörend – dem neugebildeten Bezirk Wilmersdorf zugeschlagen und kam damit in die Zuständigkeit des Wilmersdorfer Gartenamtsleisters Richard Thieme (1876–1948).

Thieme entwickelte einen Plan für den Johannaplatz, der diesen aber in seinen Grundstrukturen weitgehend beibehielt. Lediglich die beiden unmittelbar an der Bismarckallee gelegenen halbrunden Sitzplätze im Zentrum des Platzes wertet er durch Anbringung von Nischen zur Aufstellung von großen Sitzbänken und jeweils einem Beet für Schmuckbepflanzungen deutlich auf. Die Beete sind jedoch heute nicht mehr vorhanden. Jedoch: der noch immer gut gehaltene und in Berlin seltene Typus eines landschaftlich gestalteten Schmuckplatzes ist nach wie vor weitgehend authentisch erhalten.

Blutbuchen am Johannaplatz

Garten Villa Harteneck

Der seit der umfassenden Restaurierung in den 1980er Jahren öffentliche Garten der Villa Harteneck gehört zu den wenigen noch weitgehend in ihrer ursprünglichen Erscheinung erhaltenen Gärten der Villenkolonie Grunewald.

Von dem bedeutenden Architekten Adolf Wollenberg (1874–1951) gemeinsam mit dem repräsentativen Wohnhaus in den Jahren 1911–1913 für Carl Harteneck entworfen, stellt dieser Garten neben dem monumentalen, beinahe schlossartigen Gebäude ein wichtiges Denkmal-Ensemble dar. Für die an Baudenkmalen reich gesegnete Douglasstraße muss allerdings Haus und Garten Harteneck als herausragend angesehen werden. Die Anlage dominiert nicht nur durch Ihre Größe, sondern die »stolze, fast feierliche Haltung« der Villa vermittelt – gemeinsam mit dem großzügig gestalteten Garten – noch immer ein ungewöhnliches Repräsentationsbedürfnis des Bauherrn und seiner Zeit.

Der repräsentativen neoklassizistischen Südfassade des Hauses – mit ihren übergiebelten Seitenrisaliten und den allegorisch geschmückten Giebelfeldern – entspricht das oblonge Rasenparterre in Form eines leicht versenkten Boulingrin. Außer dem festlichen Fontänenbrunnen, mittig im Rasen gelegen, bildet lediglich eine Blumenbordüre der Rosensorte »Gruß an Aachen« – die im Rahmen Gartenrestaurierung auch wieder eingebracht werden konnte – den Schmuck dieses Parterres. Der Südfassade des Hauses entsprechend befindet sich jenseits des Parterres eine schwere Pfeilerpergola mit einer davor liegenden Kiesterrasse mit kleinem Brunnen und Glockenfontäne.

Von untergeordneter Bedeutung ist dagegen der erheblich tiefere, in der eiszeitlichen Rinne der Grunewaldseenkette gelegene Gartenteil, dessen landschaftlich geschwungenen Wege und Gehölzstruktur noch ganz die Handschrift der landschaftlichen Gärten des 19. Jahrhunderts aufweisen.

Villa Harteneck

Reformationsplatz

Der 0,4 Hektar große Reformationsplatz gilt als die älteste öffentliche Grünanlage Spandaus. Die schon 1239 erstmalig als Marktkirche erwähnte spätgotische Spandauer St. Nikolaikirche, nach heutiger Bauforschung vor 1369 zu datieren und 1430 vollendet, gehört zu den wenigen noch erhaltenen und genutzten baulichen Berliner Zeugnissen aus dem späten Mittelalter.

Der Platz selber erhielt erst 1939 seinen Namen, bis zu dieser Zeit hieß er im größeren Nordteil Heinrichs- und im kleineren Südteil Joachimsplatz. Ursprünglich – wie bei fast allen mittelalterlichen Kirchen – wurde das die Kirche umgebende Gelände als Kirchhof genutzt, der erst in der Zeit zwischen 1739 und 1750 aufgelöst, eingeebnet, mit Rasen eingesät und als Exerzierplatz genutzt wurde.

Die heute den Reformationsplatz prägende Raumstruktur hat sich im wesentlichen erst im 19. Jahrhundert herausgebildet. Nach dem Ende der napoleonischen Kriege entsteht die Idee, im Umfeld der Kirche ein Denkmal für die in den Befreiungskriegen Gefallenen zu errichten. Schon 1815 pflanzte man nördlich der Kirche – auf dem damals noch Heinrichsplatz bezeichneten Teil – drei Eichen und mehrere Linden und gründete damit zugleich die erste öffentliche Spandauer Grünanlage, auf der dann 1816 die Einweihung des von Karl Friedrich Schinkel (1781–1841) entworfenen Denkmals für die 1813–1815 Gefallenen stattfand.

Das in der Königlichen Eisengießerei zu Berlin gegossene Denkmal besteht aus einem Sandsteinunterbau und zwölf kreisförmig angeordneten, in Gusseisen gefertigten Lanzen, an denen vier helmbekrönte Inschrifttafeln befestigt sind, womit ikonografisch an die wichtige mittelalterliche Vergangenheit Spandaus erinnert wird.

Aus Anlass des 350. Jahrestages der Einführung der Reformation in der Mark Brandenburg kam es schließlich zu einer weiteren Denkmalspräsentation auf dem späteren Reformationsplatz, direkt vor dem Hauptportal der Nikolaikirche. Es handelt sich hierbei um ein bei Lauchhammer in Bronze gegossenes Standbild des Kurfürsten Joachim II. vom Bildhauer Erdmann Encke (1843–1896). Das noch vorhandene Postament des Denkmals besteht aus poliertem rotem schwedischem Granit, enthaltend auf allen vier Seiten Bronzetafeln mit Relief-Darstellungen aus dem Leben des Kurfürsten Joachim II. sowie eine Widmungsinschrift.

1881 kam schließlich eine dreieckige schlichte Schmuckplatz-Anlage zur Ausführung und bestand bis 1924. Danach setzte eine deutliche Vernachlässigung ein. Aus der letzten Gestaltungsphase sind jedoch noch die mit Tiergartengitter eingefassten schlichten Rasenflächen und Granitbordeinfassungen erhalten, ebenfalls das alte Pflaster bestehend aus Bernburger Kalksteinmosaikpflaster.

Denkmal für die Gefallenen der Befreiungskriege

Garten Fränkel

Fast an der äußersten Grenze des westlichen Berlin, im Ortsteil Kladow des Bezirkes Spandau, liegen direkt am Ufer der Havel zwei bemerkenswerte, unmittelbar benachbarte Gärten, die zu den frühen Gartenanlagen des 20. Jahrhunderts gehören. Über den Architekten Albert Gessner (1868–1953) haben diese Gärten eine enge bauhistorische Verbindung. Es ist zum einen Haus und Garten Am Schwemmhorn 3, auch Gessners ›Guckegönne‹ genannt, das eigene, schon 1912 fertiggestellte Wohnhaus mit Garten von Albert Gessner. Und unmittelbar daneben liegt das Bau- und Gartenensemble Am Schwemmhorn 1, Haus und Garten Fränkel, wo der Architekt Albert Gessner auf Bitten von Dr. Max Fränkel Anfang der 1920er Jahre das schöne Landhaus erbauen konnte.

Das wertvolle und äußerst großzügig geschnittene Ufergrundstück konnte Dr. Max Fränkel um 1920 herum erwerben, machte die Bekanntschaft mit seinem Nachbarn Albert Gessner und beauftragte diesen schließlich mit der Erbauung seines Landhauses. Hingegen nahm er wegen des Gartenentwurfes Kontakt mit dem damaligen Stadtgartendirektor und Hochschullehrer Erwin Barth (1880–1933) auf. Während Gessner schon mit dem Bau einer großzügigen Eingangssituation samt Garagenhaus befasst war, entwickelte Barth seine Entwürfe für den modernen Landhausgarten, der im Übrigen in Berlin sein einziger Privatgarten bleiben sollte.

Das zum Havelufer stark abfallende Gelände und weitere topographische Gegebenheiten geschickt nutzend entwickelte Barth einen im Kernbereich streng achsial und architektonisch aufgebauten Landhausgarten. Der Garten wird durch eine über das ganze Grundstücke führende und dieses in zwei Bereiche teilende Hauptachse gegliedert. An der großen Terrassenanlage am Landhaus beginnend entwickeln sich von dieser Wegeachse aus die ganz unterschiedlichen Themen- und Sondergärten, wie ein terrassierter Stauden- und Rosengarten, Obst- und Gemüsegärten, aber auch ein Steingarten, der Ufergarten mit seinen großzügigen Wiesenflächen oder, am Ende der Achse und fast schon in einer waldartigen Situation liegend, die an einen kleinen Gartenpavillon angehängte »Vorgebirgslandschaft«.

Um die unterschiedlichen Höhenunterschiede zu bewältigen, nutzte Barth vornehmlich Trockenmauern aus Rüdersdorfer Kalkstein, nur in geringem Maß kam auch roter Sandstein zum Einsatz. Gartenhäuser, wie der kleine, sich mit einer großen Fensteröffnung zum künstlichen Gebirgs-Bachlauf öffnende Pavillon, waren verputzte Kalkstein-Gebäude. Im Pavillon, übrigens zum Havelraum baulich geschlossen, konnte man geschützt sitzend den naturhaft gestalteten Bachlauf, von Becken zu Becken laufend, beobachten, ehe der »Gebirgsbach« sich schließlich in den untersten, den sog. Spiegelteich ergoss. Ganz in der Nähe dieser in reformorientierter Zeit erstaunlich landschaftlichen Gartengestaltung gab es noch eine zweite gartenkünstlerisch ebenfalls wenig avantgardistische Gartensetzung, nämlich ein Alpinum, wohl auf einen Wunsch des Bauherrn zurückführend, bekrönt durch einen Aussichtsplatz, von wo aus man allerdings wundervolle Blicke in die tiefer gelegene Wiesenaue über die Havel hinweg auf die benachbarte Pfaueninsel mit der neogotischen Meierei hat.

Manches, was Dr. Fränkel noch mit Erwin Barth plante, wie einen großzügigen Aus- und Umbau des Landhauses, wurde abrupt 1933 bei der Übernahme der Macht durch die Nazis beendet, musste doch der jüdische Bankier Dr. Max Fränkel

Landhausgarten

nach Paris emigrieren und der im selben Jahr zu beklagende Freitod Erwin Barths hätte ohnehin allen weiteren Plänen ein Ende gesetzt. Nachdem sich das Deutsche Reich 1938 des Fränkelschen Besitzes bemächtigte und das wertvolle Grundstück nach dem Zweiten Weltkrieg in den Besitz des Landes Berlin überging, ergaben sich derartige Zerstörungen, das eigentlich niemand mehr an eine Wiederherstellung des Gartens glaubte. Die Einrichtung einer massiven Grenzkontrollstelle, Parzellierung für Wochenendnutzung, Verpachtungen für Angler und eine urwaldartige Verwilderung des ungepflegten Gartens führten zu einer völligen Vergessenheit dieses Gartens.

Erst eine nach der Wende durch die Gartendenkmalpflege in Auftrag gegebene gartenhistorische Dokumentation und Restaurierungsplanung brachte eine schrittweise Umkehr und Aufgabe einer unbedingt zerstörerischen Gartennutzung und schließlich den Beginn einer schrittweisen Instandsetzung eines besonders kostbaren, ursprünglichen Privatgartens. Die schon in den 1990er Jahren gemeinsam mit dem hochengagierten Spandauer Grünflächenamt begonnenen Arbeiten konnten bis heute erfolgreich fortgesetzt werden, in den nächsten Jahren stehen dann noch Arbeiten im Großen Wirtschaftsgarten an.

Gutspark Neukladow

Vor der Eingemeindung nach Berlin im Jahr 1920 war Kladow ein wenig beachtetes Dorf am westlichen Rande der Stadt. Lediglich das Lehnschulzengut Neu-Kladow ist Verweis auf eine durchaus beachtenswerte bau- und gartengeschichtliche Vergangenheit. Das noch immer erhaltene Herrenhaus im Stil der Gilly-Schule wurde um 1800 durch den Pächter und späteren Besitzer des Gutes, den königlich-preußischen Kabinettsekretär Friedrich Wilhelms III. namens Anastasius Ludwig Mencken errichtet, der das Gut 1799 in Erbpacht nahm.

Wie der Garten in der »Mencken-Zeit«, der Frühzeit der landschaftlichen Gartenkunst, ausgesehen hat, ist nicht überliefert. Doch jahrhundertealte wertvolle Alteichen in Neukladow haben sich erhalten.

In jedem Fall können wir für Neukladow davon ausgehen, dass spätestens seit Ausbruch der napoleonischen Kriege 1806 nichts mehr investiert wurde und nach dem Ende dieser Kriege das Gut wiederholt verkauft wurde, ehe es schließlich 1887 von Robert Guthmann, dem sehr vermögenden Begründer der Rüdersdorfer Zementindustrie, erworben wurde.

In den ersten Jahren bewohnte das Gutshaus seine Tochter Else, ehe er schließlich das Anwesen seinem einzigen Sohn, dem promovierten Kunsthistoriker Johannes Guthmann (1876–1956) überließ, für den nach 1900 Neukladow zu seinem Lebensmittelpunkt werden sollte. Erst 1921 musste er Neukladow zugunsten seiner verheirateten Stiefschwester Mary verlassen.

Johannes Guthmann war es, der in den Jahren nach 1909 – unter Zuhilfenahme des damals schon renommierten Architekten Paul Schultze-Naumburg (1869–1949) – das bauliche Herz der ganzen Anlage, das herrschaftliche Gutshaus, zur Havel hin mit einer halbrunden Veranda, mit einer auf Fernsicht angelegten Aussichts- und Dachterrasse, umbauen sowie das unmittelbar benachbarte Verwalterhaus nunmehr im Sinne eines Gästehauses erneuern lies. Durch den schwedischen Architekten Alfred Grenander (1863–1931) ließ er die Innenräume gestalten und zu einem behaglich repräsentativen Landhaus herrichten. Zusätzlich wurden ein elegantes Torhaus, ein Naturtheater, ein Gartenpavillon, eine Pergola mit Nischenmauer sowie ein weiträumiger Landschaftspark und ein streng-formal gestalteter, neo-biedermeierlicher Blumengarten angelegt.

Von größtem Interesse ist ohne Zweifel das großartige Blumenparterre. Es war gerahmt von einer Scheune, an deren Kopfende sich eine zum Parterre hin öffnende und mit zwei dorischen Säulen gezierte Loggia befand – bekannt geworden durch die im Sommer 1911 erfolgte Freskoausmalung von Max Slevogt – sowie von einer rahmenden Nischenmauer und einer sich jenseits der Loggia anschließenden großen Pergola. Es sollte in jenen Jahren eine bis zum Tode Slevogts anhaltende enge Freundschaft mit Johannes Guthmann entstehen, die insbesondere ihren Niederschlag in einem reichen künstlerischen Vermächtnis Neukladow betreffend fand. Hervorragende Slevogt-Ölbilder jener Jahre von 1910 bis 1916 haben die hohe gartenkünstlerische Bedeutung vor allem des einzigartigen Blumengartens von Neukladow auf immer festgehalten.

Die vier großen Staudenfelder – in den wunderbaren Bildern Slevogts zu sehen – waren durch entsprechend orthogonal geführte Wege erschlossen, in deren Zentrum sich ein rechteckiges, vertieft liegendes und von niedrigen Mauern aus

Rüdersdorfer Kalkstein gerahmtes Wasserbecken befand, dessen Grundmauern bei gartenarchäologischen Grabungen im Sommer 1990 wieder aufgefunden worden sind.

Wie wir wissen, hat im übrigen der junge Karl Foerster (1874–1970) schon in Neukladow mitgewirkt, wohl auch manche Staude geliefert und auch andere Bereiche im Park gestaltet. Im Sinne eines Gesamtkunstwerkes hat Guthmann auch bildende Künstler, wie August Gaul (1869–1921) beauftragt, Skulpturen für den weitläufigen Park zu schaffen. So ist u. a. der Eselsreiter in unmittelbarer Nachbarschaft der von Slevogt ausgemalten Gartenloggia belegt, wie der zur Erinnerung an seine geliebte, 1910 früh verstorbene Schwester Else im schönen Elsengrund aufgestellte Gedenkstein. Während im Winterhalbjahr im Musiksaal des Gutshauses das gesellschaftliche Leben dominierte, waren es im Sommer Theateraufführungen in dem 1911 von Paul Schultze-Naumburg angelegten kleinen Heckentheater, wo noch 1919 die Aufführung des Hoffmannsthal-Stückes »Der Thor und der Tod« stattfand.

Nach dem 1928 erfolgten Verkauf wurde durch die baldige Machtübernahme der Nationalsozialisten der Plan verhindert, Gebäude und Gelände für das Allgemeinwohl zu nutzen. Es kam schließlich mit dem Einzug des Luftkreiskommandos II eine bis zum Ende des Zweiten Weltkrieges anhaltende militärische Nutzung. Nach dem Krieg pachtet die Arbeiterwohlfahrt AWO die Gebäude und den Park. Das, was schließlich durch die Gartendenkmalpflege in enger Abstimmung mit der AWO in den 1980er Jahren auf den Weg gebracht wurde, hat weite Bereiche des Parks, namentlich den Elsengrund, vor einer völligen Verbuschung, ja Bewaldung retten können. Traditionelle Wiesentäler konnten wieder herausgearbeitet, sogar neuerlich ein schöner, landschaftlich gemäßer Wechsel von offenen und geschlossenen Flächen sowie weite »Fenster« in die Landschaft freigelegt werden. Auch die diese Landschaftsräume seit Jahrhunderten prägenden Alteichen und nicht zuletzt die zahlreichen unter Johannes Guthmann eingebrachten »Fliederbosketts« im Park können somit wieder in vollem Umfang erlebt werden. Nach Übernahme des großen Parks durch den Bezirk Spandau von Berlin wurde die erfolgreich begonnene Instandsetzung der 1980er Jahre zum Wohl des Parks intensiv fortgesetzt. Das, was bedauerlicherweise noch nicht wiederhergestellt werden konnte, ist der großartige, neo-biedermeierliche Blumengarten mit Wasserbecken am Verwalterhaus sowie die Komplettierung der rahmenden Nischenmauer und der großen Pergola. Hier bleibt die Hoffnung, dass es demnächst gelingt, gemeinsam mit der anstehenden umfassenden Restaurierung des Guts- und Verwalterhauses dann auch endlich wieder das wertvolle Berliner Blumenparterre aus der Zeit des reformorientierten Landhausgartens in den überlieferten alten Sorten sowie seiner Farbigkeit wieder herzustellen.

Folgeseite: Gutshaus Neukladow

Willy Alverdes

Der Thüringer Willy Alverdes (1896–1980) lernte den gärtnerischen Beruf bei seinem Vater, der in Bad Frankenhausen am Kyffhäuser eine Gärtnerei besaß. Nach dem Ersten Weltkrieg folgten von 1919–1921 zwei Lehr-und Wanderjahre, in denen er u.a. auch in der Baumschule Späth in Berlin arbeitete. Von 1921–1923 studierte er an der »Höheren Gärtnerlehranstalt« in Dahlem das Fach Gartenkunst und konnte sein Studium 1926 mit der Prüfung zum Diplom-Gartenbauinspektor erfolgreich beenden. Nach dem Studium eröffneten sich für ihn zwei Arbeitsmöglichkeiten, einmal bei der ihm ja schon bekannten Baumschule Ludwig Späth sowie bei der Gartenbaufirma Richard W. Köhler. Er entschied sich für die Firma Köhler und leitete dort bis zum Ausbruch des Zweiten Weltkrieges die Abteilung »Gartengestaltung«. Er war damit über 14 Jahre lang für die Beratung, Planung, aber auch Ausführung von Privatgärten in und um Berlin zuständig.

Nach seiner Zeit bei der Wehrmacht und anschließender Kriegsgefangenschaft kehrte er schließlich mit seiner Familie 1949 nach Berlin zurück und wurde 1950 vom Magistrat von Groß-Berlin als Leiter der Tiergartenverwaltung berufen. Seine planerischen Ideen für die Wiederaufpflanzung und -anlage eines ruhigen, weitläufigen landschaftlichen Erholungsparks der im Krieg und in den Nachkriegsjahren schwer geschädigten größten und ältesten Grünanlage der Hauptstadt basierten im wesentlichen auf den schon vorliegenden Planungen seines Freundes Fritz Witte – Leiter des damaligen Hauptamtes für Grünflächen und Gartenbau Berlin – und dessen Mitarbeiters Hans Migge. Alverdes Anliegen war es, einen möglichst naturnahen, vorrangig mit einheimischen Gehölzen bepflanzten landschaftlichen Park zu schaffen, der seine natürliche Schönheit nicht zuletzt auch aus einem ökologisch ausgewogenen Verhältnis einer Baum-, Strauch- und Krautschicht erhält. Die im ganzen Tiergarten eingebrachten Wildstauden sollten den Zauber einer Naturlandschaft vermitteln.

Das über 220 Hektar große Gelände des in den Nachkriegsjahren fast völlig abgeholzten Tiergartens gestaltete Alverdes schließlich in einem Wechsel von großen weiten Wiesenflächen und waldartigen Gehölzbeständen mit eingestreuten Sonderanlagen, wie seinen charakteristischen Rhododendrenhainen, aber auch zahlreichen Spielplätzen und Sonderflächen für Spiel und Sport sowie dem Englischen Garten auf dem Gelände des früheren Schlossparkes Bellevue. Auf die Erhaltung der ja noch allenthalben zumindest teilweise erhaltenen Strukturen des jahrhundertealten gartenhistorischen Erbes legte er jedoch keinen großen Wert. Alverdes war vielmehr, wie sein Sohn einmal sagte, eine »phantasievolle Künstlernatur«, eine gartendenkmalgerechte Instandsetzung des Berliner Tiergartens war dann einer späteren Generation vorbehalten.

Als 1954 die Tiergartenverwaltung dem Bezirksamt Tiergarten unterstellt wurde, ernannte man Alverdes zum Chef des Gartenbauamtes. Nun für alle Grünanlagen des Bezirkes zuständig, gestaltete er erfolgreich den Fritz-Schloss-Park, lieferte die Pläne für die Anlage des Kriegsgräberfriedhofes an der Wilsnacker Straße in Berlin-Moabit und engagierte sich neben Hans Migge bei der Neugestaltung der Außenanlagen der Berliner Kongresshalle sowie der öffentlichen Grünflächen im Hansaviertel, oder der Erneuerung des Kleinen Tiergartens in Berlin-Moabit. Zu seinen Aufgaben gehörte aber auch die Neuanlage ausgedehnter Ufergrünzüge an der Spree, am Landwehrkanal und am Nordhafen, mit jeweils zahlreichen Kinderspielplätzen.

Erwin Barth

Erwin Barth (1880–1933) gehört zu den wohl wichtigsten Gartenarchitekten des 20. Jahrhunderts, der für die künstlerische, städtebauliche und soziale Orientierung in der Gartenkultur der ersten Jahrzehnte des 20. Jahrhunderts steht. In Lübeck geboren, sollte er dort auch später als Stadtgärtner und Leiter der Gartenverwaltung in den Jahren von 1908–1911 bedeutende Grünanlagen schaffen, so u. a. einige Friedhöfe, wie den Friedhof Waldhusen, den Spielplatz Buniamshof und Schulgärten sowie den heute noch erhaltenen Marlypark. Von 1912 bis 1926 wirkte Barth dann als Gartendirektor der Stadt Charlottenburg, wo er fast alle damals neu angelegten öffentlichen Schmuckplätze, Parkanlagen und Volksparke schuf.

Ihm ist es entscheidend zu verdanken, dass der noch bis zum Beginn des 20. Jahrhunderts übliche, kaiserzeitlich-dekorative oder teilweise noch landschaftlich gestaltete Berliner Stadtplatz in einer zunehmend reformorientierten Zeit einem formal-architektonisch aufgebauten, nach raumkünstlerisch-städtebaulichen Ideen und vor allem nutzungsbezogenen Planungskonzepten gestalteten Platz wich. Seine berühmt gewordenen Stadtplätze wie der Karolinger Platz, der Schustehruspark, Mierendorffplatz, Wittenbergplatz, Goslarer Platz, Savignyplatz oder der Brixplatz belegen diese Haltung eindringlich. Die schon in seiner Charlottenburger Amtszeit begonnenen Arbeiten am Volkspark Jungfernheide setzte er als Stadtgartendirektor von Groß-Berlin in den Jahren von 1926–1929 fort. Hier sind der Volkspark Köpenick (1926), Volkspark Rehberge (1926–1929), aber auch der Volkspark Mariendorf (1928/29) zu nennen.

Zu den vielfältigen Aufgaben gehörten aber auch die Schaffung und Gestaltung so bedeutender Parkanlagen wie dem gleich nach dem Ersten Weltkrieg begonnenen Lietzenseepark, oder die unter seiner Leitung nach 1926 innerhalb des zugeschütteten, um 1850 von Lenné geschaffenen Luisenstädtischen Kanals angelegten Themengärten. Immer wieder schuf er aber auch Friedhöfe, so in den Jahren von 1920–1926 den Wilmersdorfer Waldfriedhof der Stadt Berlin in Stahnsdorf, oder den Zentralfriedhof Lichterfelde. Dass er auch zeitlebens herausragende private Hausgärten plante und anlegte, ist vielfältig belegt, glücklicherweise hat sich sein letzter privater Landhausgarten, der in den Jahren um 1930 angelegte Garten Fränkel in Neukladow, erhalten und konnte inzwischen gartendenkmalpflegerisch wiederhergestellt werden.

Erwin Barth war zugleich ab 1921 als Dozent der Technischen Hochschule Charlottenburg tätig und wurde 1927 zum Honorarprofessor ernannt, welcher 1929 der Berufung zum ersten deutschen Hochschullehrer für Gartengestaltung an der Landwirtschaftlichen Hochschule in Berlin folgte. Letztlich als Konsequenz aus seinem sich zunehmend verschlechternden Gesundheitszustand – er fürchtete zu erblinden – aber auch der nationalsozialistischen Machtergreifung wählte er am 10. Juli 1933 den Freitod.

Albert Brodersen

Albert Brodersen (1857–1930), als Sohn eines Gutsinspektors in Ascheberg bei Plön geboren, war von 1874 bis 1876 Schüler des überregional bekannten und geschätzten Pomologischen Institutes in Proskau (Oberschlesien).

Es folgten weitere Jahre der praktischen Ausbildung in damals bekannten Gartenbaubetrieben. Nicht zuletzt war er in der bedeutenden Gärtnerei des Kommerzienrates Albert Borsig in Berlin-Moabit tätig, wo er als Obergärtner bei der an allem Gärtnerischen hochinteressierten preußischen Industriellenfamilie tätig war, einer Familie, der er auch insofern treu bleiben sollte, als er für Ernst von Borsig nach 1900 den großartigen Park von Reiherwerder schaffen sollte. Zahlreiche Studienreisen nach England, Italien, Frankreich, aber auch in die wichtigen europäischen Hauptstädte wie Paris, Wien, Moskau oder Budapest schärften seinen fachlichen Blick. Nachdem er 1884 in Wildpark bei Potsdam sein Examen als Königlicher Obergärtner erfolgreich bestanden hatte, und 1887 Dorothea Körner, Tochter des Inhabers einer bekannten Landschaftsgärtnerei in Steglitz, geheiratet hatte, leitete er ab 1888 zusammen mit seinem Schwager Gustav Körner die Landschaftsgärtnerei Körner & Brodersen.

In den Jahren bis 1910, als er schließlich wegen seiner beruflichen Erfolge zum Nachfolger des Berliner Gartendirektors Hermann Mächtig berufen wurde, konnte er zahlreiche sehr renommierte Gärten und Parks verwirklichen. Außer dem schon genannten Reiherwerder schuf er bedeutende Villengärten, so in Potsdam, Grunewald oder am Wannsee, wie den Villengarten Liebermann, aber auch Schlossgärten, wie den für Schloss Lerbach in Bergisch Gladbach, oder den wunderbaren Schlosspark Biesdorf für Wilhelm von Siemens, ganz im Osten Berlins gelegen.

Als Gartendirektor Berlins war es ihm ein erstes Anliegen, die damals anstehende Erweiterung des Viktoriaparks noch vor Ausbruch des Ersten Weltkriegs weitgehend zu vollenden, aber auch zeitgleich die Umgestaltung des alten Botanischen Gartens in Schöneberg – nach seiner Verlagerung nach Dahlem – in einen öffentlichen Park, den »Heinrich-von-Kleist-Park« zu betreiben. Er plante aber auch im Zusammenhang mit dem von Ludwig Hoffmann geschaffenen Märchenbrunnen im Volkspark Friedrichshain die Außenanlagen, kümmerte sich um die Entwürfe für den neu anzulegenden Botanischen Volkspark Blankenfelde in Berlin-Pankow und entwarf 1922 erste Entwurfsideen für den damals schon in der Planung befindlichen Volkspark Rehberge, der aber dann erst unter seinem Nachfolger Erwin Barth umgesetzt werden konnte.

Entsprechend der reformorientierten, zunehmend sozial bestimmten und damit nutzungsbezogenen Planungsarbeit sollten aber auch zahlreiche neue Spielplätze und Sportanlagen sowie Kleingärten und kommunale Friedhöfe ebenso wie städtische Schmuckplätze entstehen. Auch erfolgte unter seiner Leitung die Neuorganisation der zentralen Gartenverwaltung für Groß-Berlin nach 1920. Mit der ihm eigenen Beharrlichkeit und Gründlichkeit sollte Brodersen damit zum Gründungsvater der modernen und mehrstufigen Berliner Grünverwaltung werden. Dass er trotz enormer Arbeitsbelastung immer noch Zeit fand, um für vermögende Personen schöne Privatgärten zu entwerfen, seine Auftraggeber wohnten u. a. im Rheinland, sogar in Polen, oder in England, macht nicht zuletzt der erst vor wenigen Jahren sorgfältig gartendenkmalpflegerisch wiederhergestellte Garten Schreiber & Reichenheim am Großen Wannsee deutlich. Hier entstand ein sehr großzügiger, architektonisch aufgebauter, reformorientierter Landhausgarten, den bemerkenswerterweise die früher ihm selbst gehörende, nun von Carl Rimann geleitete Landschaftsbaufirma Körner & Brodersen durchführte.

Fritz Encke

Vielfältig war die Ausbildung Fritz Enckes (1861–1931). An erster Stelle sind hier sicherlich seine Studienjahre 1880–1882 an der Königlichen Gärtnerlehranstalt Wildpark/Potsdam zu nennen, gefolgt von ersten beruflichen Jahren in England, aber dann auch schon in Berlin, wo er für ein Jahr in der von Hermann Mächtig geleiteten städtischen Gartenverwaltung arbeitete. In dieser Zeit war er vorrangig mit Vermessungsarbeiten, aber auch Neuanlagen beschäftigt. Es folgten einige Jahre, in denen er als Geschäftsführer in der Landschaftsgärtnerei Julius Haack in Berlin-Steglitz tätig war.

Die dann folgenden Jahre von 1890–1903 sollten zu einer ersten wichtigen beruflichen Etappe im Leben Enckes werden. Mit großem Erfolg war er in diesen Jahren Dozent für Landschaftsgärtnerei, Zeichnen, Feldmessen und Betriebslehre an der Gärtnerlehranstalt in Wildpark. In den 13 Jahren seiner Dozententätigkeit – wo er sich immer wieder entschieden für eine Reform der Gartenkunst einsetzte – bildete er zahlreiche, später sehr erfolgreich werdende Gartenkünstler und Gartendirektoren wie Walter Freiherr von Engelhardt, Friedrich Bauer, Erwin Barth, Harry Maasz oder den späteren Frankfurter Gartendirektor Max Bromme aus. Wegen seiner hohen Verdienste als Lehrer wurde er 1897 zum Königlichen Garteninspektor und 1899 zum Königlichen Gartenbaudirektor ernannt.

Ehe Encke 1903 einem Ruf der Stadt Köln als Gartendirektor folgte – ein Amt, das er bis 1926 ausübte und dort mit seinen Schöpfungen bis heute das »grüne Gesicht« der rheinischen Metropole mit zahlreichen Schmuckplätzen, städtischen Parkanlagen und Volksparks prägen sollten –, engagierte er sich jedoch noch bei einigen bedeutenden Berliner Anlagen. Zuerst ist hier sicherlich sein jedoch nicht ausgeführter Entwurf von 1895 für den Königsplatz, den heutigen Platz der Republik, zu nennen, der deutlich macht, das Encke in seinem beruflichen Leben immer wieder dem grünen Schmuckplatz – in der Regel in der baulich stark verdichteten Großstadt gelegen – eine hohe grünplanerische, soziale, aber auch städtebauliche Bedeutung beimaß, womit er eine Entwicklung initiierte, die dann bei seinem Schüler Erwin Barth, als Gartendirektor von Charlottenburg und später von Groß-Berlin, ganz selbstverständlich werden sollte.

Es entstanden nun multifunktionale Plätze, die sowohl Schmuckgartencharakter hatten, und damit den Bewohnern der Mietshäuser den fehlenden häuslichen Garten ersetzten, die aber auch zahlreiche andere Aufenthalts- und Sitzmöglichkeiten für ältere Bürger aufwiesen. Nicht zuletzt sein 1899 im Auftrag der Berlinischen Bodengesellschaft geplanter und angelegter Viktoria-Luise-Platz in Berlin-Schöneberg, mit seinem Reichtum an Sommerblumen und blühenden Sträuchern, unterstreicht den Wohncharakter und eine gartenmäßige Behaglichkeit. Dass der Viktoria-Luise-Platz – mit dem programmatischen Wettbewerbskennwort »Ruhe« – wie auch sein um 1907 geschaffener Bayerischer Platz im Zentrum stets von sichthindernden Bäumen freigehalten wurde, wohingegen die Platzrand-Bereiche durch Pflanzung von Schmucksträuchern den Verkehrslärm fernhielten, geht auf das Lennésche Vorbild zurück, der schon der städtebaulichen Devise folgte »Gartenkunst ist Raumkunst« .

Ein letztes Mal wurde Encke dann noch in den Jahren 1906/07 von der Stadt Schöneberg mit Entwürfen für den Stadtpark Schöneberg, den Rudolph-Wilde-Park, beauftragt. Nach seinen Entwürfen wurde schließlich der landschaftliche, westlich des U-Bahnhofs gelegene Parkbereich gestaltet, während sich der vorrangig regelmäßige östliche Parkteil am angekauften Entwurf des Leipziger Gartenarchitekten J.P. Grossmann orientierte.

Willy Lange

Willy Lange (1864–1941), Königlicher Garteninspektor und Lehrer an der Königlichen Gärtnerlehranstalt in Dahlem, gehört zu den Gartenarchitekten, die insbesondere durch die Vielzahl ihrer Veröffentlichungen bekannt geworden sind – wozu insbesondere das in mehreren Veröffentlichungen erschienene Buch »Gartengestaltung der Neuzeit« gehört –, gleichwohl er vor allem im Berliner Wannseeraum, aber auch in Dahlem zahlreiche, teilweise noch heute erhaltene und inzwischen denkmalgeschützte große Gärten angelegt hat.

In der Zeit nach 1900, als im deutschsprachigen Raum die Auseinandersetzung zwischen der traditionellen landschaftlichen Gartenkunst der Lenné-Meyerschen Schule und den reformorientierten, architektonisch geprägten Landhausgärten ihrem Höhepunkt zustrebt, versucht Willy Lange einen neuen Weg zu gehen und beide Gestaltungstendenzen miteinander zu kombinieren, um einen neuen Gartentypus zu entwickeln. Eine große Rolle sollte schließlich in seinen Gartenentwürfen das Thema Naturgarten und damit der damals noch neue Aspekt der Physiognomie und der Pflanzensoziologie spielen. In den landschaftlich geprägten Teilbereichen seiner Gärten im Wannseeraum arbeitet er nach Naturmotiven, das heißt er verwendet Pflanzen unterschiedlicher Herkunftszonen, um Gestaltungsmotive, wie ein Berg- oder ein Waldmotiv, eine Trockenrasengesellschaft oder ein Feuchtbiotop zu gestalten. Ihm ist es dabei ein wichtiges Anliegen, charakteristische Naturbilder nicht nur zu kopieren, sondern durch kompositorische Effekte zu steigern.

Lange sollte sich damit zu einem Vorläufer einer längst aktuell gewordenen Naturgartenphilosophie entwickeln, der in der Tat als erster Gartenkünstler des 20. Jahrhunderts die Wissenschaft der Pflanzensoziologie in die Gartengestaltung einbringt, jedoch zunehmend in seinen »deutschen« Naturgärten nationalsozialistische Ideen und rassistische Ideologien propagierte. Von Völkischem Gedankengut begeistert, haben sich daher auch später mit ihm befreundete Gartenkünstler wie Karl Foerster von ihm abgewandt.

Zu den frühen, noch erhaltenen Gärten gehört sein eigener Garten in der Bismarckstraße 5–5A im Bereich des Kleinen Wannsees, der in anschaulicher Weise im 1996 wiederhergestellten Vorgarten einen nach baulichen Motiven gestalteten »Bauerngarten« aufweist. Im eigentlichen, topografisch bewegten Hausgartengelände dominiert jedoch ein nach Naturmotiven landschaftlich gestalteter Garten. Willy Lange war im Übrigen von der Landgesellschaft Wannsee GmbH mit der gärtnerischen Beratung der Gestaltung der Villencolonie Alsen in Wannsee beauftragt worden und hatte in dieser Funktion auch seinen Einfluss dahingehend eingebracht, dass die den Landschaftsraum an den beiden Wannseen prägenden Kiefern- und Eichenbestände, trotz erheblicher Baumaßnahmen, weitgehend erhalten blieben.

Andere wichtige von Willy Lange gestaltete und noch erhaltene Gärten sind der 1911 von ihm um- und neugestaltete Garten Koch/Eggebrecht in der Herwarthstraße 1 in Wannsee, der Garten Bredow in der Miquelstraße 92 in Dahlem, der Garten Schwarzkopf in der Peter-Lenné-Straße 7 in Dahlem, oder der von der Gartendenkmalpflege Anfang der 1990er Jahre umfassend instandgesetzte Garten von Stauss in der Pacelliallee 14, ebenfalls in Dahlem. Zu seinen öffentlichen Aufgabenstellungen gehört u.a. der von ihm 1908 gestaltete »Dorfanger« im Eingangsbereich der Königlichen Gärtnerlehranstalt in Dahlem sowie das 1905 von ihm gestaltete Waldgrundstück für das Kleistgrab, an der Bismarckstraße vis-à-vis seines eigenen »Gartenheims« gelegen, sowie die an das Kleistgrab anrainenden Gartengrundstücke am Kleinen Wannsee.

Peter Joseph Lenné

Wie wohl kein anderer Gärtner hat Peter Joseph Lenné (1789–1866) im 19. Jahrhundert die Gartenkunst in Preußen geprägt. In seiner über 50 Jahre dauernden Schaffenszeit, mit seinen Schwerpunkten im Berlin-Potsdamer Kulturraum, gelang es ihm nicht nur, die wunderbaren großen Parkanlagen in den königlichen Gärten von Potsdam, sondern auch in Berlin – wenn wir an die Schloßgärten von Charlottenburg, Klein-Glienicke oder Niederschönhausen denken – landschaftlich zu gestalten, sondern auch mit großem Erfolg als Städteplaner bleibende Spuren in Berlin zu hinterlassen. »Die utopischen Kräfte der Gartenrevolution des 18. Jahrhunderts wurde hier in eine romantische Realitätsfiktion überführt, die ein märchenhaftes neues Goldenes Zeitalter zu verkünden schienen«, wie Adrian von Buttlar einmal sehr zu Recht anerkennend festhielt.

Durch sein Elternhaus in Bonn, wo sein Vater das Amt eines Bonner Hofgärtners bekleidete, gärtnerisch gut vorgebildet, sollten ausgedehnte Studienreisen nach Wien und Paris, später dann nach England, nach Brüssel und Italien die Grundlagen für seine vielfältigen und höchst anspruchsvollen gartenkünstlerischen Aufgaben legen. Als er schließlich im Frühjahr 1816 nach Potsdam gerufen wird, um die in den Napoleonischen Kriegsjahren vernachlässigten Potsdamer Parkanlagen zu erneuern, wird sogleich der Staatskanzler, Karl August Fürst von Hardenberg, Besitzer des Gutes von Klein-Glienicke, auf ihn aufmerksam und beauftragt ihn mit der Anlage eines kleinen landschaftlichen Parkes unmittelbar am Schloss von Klein-Glienicke.

Dieser erste von Lenné in Preußen angelegte Garten, der später berühmt werdende und von der Berliner Gartendenkmalpflege in den 1980er Jahren sorgfältig wiederhergestellte Pleasureground von Klein-Glienicke, sollte seinen Ruhm begründen und ihn später, dann schon als General-Gartendirektor der Königlich-preußischen Gärten, zu den gefragtesten Gartenkünstlern im deutschsprachigen Raum machen. Seine Arbeiten für Potsdam und Umgebung – eingeschlossen die Berliner Parkanlagen von Klein-Glienicke und die Pfaueninsel – wurden später im 1833 angefertigten »Verschoenerungs-Plan der Umgebung von Potsdam« festgehalten und zeigen, dass Lenné die ganze »Insel Potsdam« in eine einzige Gartenlandschaft verwandeln wollte. Es gelang ihm zeitgleich, sich auch verstärkt Berlin zuzuwenden und vor allem in den Jahren von 1830–1840 den Großen Tiergarten Schritt für Schritt um- und neu zu gestalten, gefolgt vom unmittelbar benachbarten Zoologischen Garten.

Als »Gärtner in einer Zeitenwende« war es Lenné vergönnt, sich im letzten Drittel seines Lebens völlig neuen Aufgaben als Stadtplaner in Berlin zuzuwenden. 1840 übertrug ihm der gerade an die Regierung gekommene Friedrich Wilhelm IV. städtebauliche Planungen für die sich mit inzwischen über 330.000 Einwohnern zu einer Großstadt entwickelnden Stadt Berlin. Dem sich überall zeigenden dramatischen Mangel an Grünanlagen versuchte Lenné u.a. mit seinen wunderbaren begrünten Schmuckplätzen wie dem Leipziger-, Opern-, Mehring-, Wilhelm- oder Opernplatz, namentlich aber mit seinem 1840 vorgelegten Entwurf der »Schmuck- und Grenzzüge von Berlin mit nächster Umgebung« zu begegnen; eine Planung, die zum Ausgangspunkt der modernen Berliner Stadtplanung werden sollte. Von diesen visionären Planungen sind nicht nur der wenige Jahre später verwirklichte erste Volkspark Berlins, der Friedrichshain, geblieben, oder der Berlin-Spandauer Schifffahrtskanal, sondern im Bereich des Köpenicker Feldes der 1848–1852 geschaffene Luisenstädtische- und der Landwehrkanal mit dem Engelbecken und der St. Michaelkirche, sowie der Oranien-, aber auch der Mariannenplatz mit dem 1845–1847 erbauten Bethanienkrankenhaus. Unter James Hobrecht wurde dann später noch sein sogenannter Generalszug, ein vierreihige breite Allee vom Südstern über die Gneisenau- und Yorkstraße, Dennewitz- und Nollendorfplatz bis zum Wittenbergplatz führend, größtenteils umgesetzt.

Im Erläuterungsbericht für Friedrich Wilhelm IV. schrieb Lenné selber die seine Arbeit so ungemein charakterisierenden Worte: »Denn je weiter ein Volk in seiner Kultur und seinem Wohlstand fortschreitet, desto mannigfaltiger werden auch seine sinnlichen und geistigen Bedürfnisse. Dahin gehören dann auch die öffentlichen Spazierwege, deren Anlage und Vervielfältigung in einer großen Stadt nicht allein des Vergnügens wegen, sondern auch aus Rücksicht auf die Gesundheit dringend empfohlen werden muß.«

Ludwig Lesser

Ludwig Lesser (1869–1957) gehörte zu den ersten in Deutschland freiberuflich arbeitenden Gartenarchitekten, die die Freiraumplanung zu Beginn des 20. Jahrhunderts bis zum Beginn der Machtergreifung der Nationalsozialisten – als Lesser mit einem Berufsverbot belegt wurde – entscheidend mitbestimmt haben.

Er erhielt seine Ausbildung im Palmengarten in Frankfurt am Main sowie bei der Handelsgärtnerei van der Smissen & Schwartz in Berlin-Steglitz. Es folgten Jahre eines intensiven gartenkünstlerisch-städtebaulichen Studiums sowie umfangreiche Studienreisen in Europa sowie verschiedene gärtnerischen Tätigkeiten, ehe Lesser sich von 1902–1908 als entwerfender und ausführender Gartenarchitekt in Berlin selbständig machte. 1908 folgte dann seine Berufung zum Gartendirektor der Berliner Terrain-Centrale und der Zehlendorf-West-Terrain-AG des Grafen Henckel Fürst von Donnersmarck. In dieser Funktion entwarf er die Pläne für das Straßen- und Grünflächensystem der seit 1906 auf etwa 750 Hektar im Norden Berlins, auf dem Gelände der Stolper Heide, angelegten Gartenstadt Frohnau, wo er u.a. so bedeutende Anlagen wie den Ludolfinger- und Zeltinger Platz schuf und wo dann auch später eine Parkanlage, der Ludwig-Lesser-Park, nach ihm benannt wurde.

Ebenfalls auf Lesser gehen der Bebauungsplan für die Landhaussiedlung Bad Saarow-Pieskow am Scharmützelsee als auch die Planung und Gestaltung der Grünflächen der Gartenstadt Staaken sowie der Großsiedlung Weiße Stadt/Schillerpromenade in Reinickendorf zurück, einer der sechs Siedlungen der Moderne, die seit 2008 als Welterbe der UNESCO geschützt sind. Neben seiner Tätigkeit seit 1913 als Dozent für Gartenkunst und Gartenbau an der Freien Hochschule Berlin – später dann der Humboldt-Hochschule – war er für zahlreiche Gemeinden mit grünplanerischen Aufgaben betraut. Zahlreich waren auch seine Entwürfe für bedeutende Friedhöfe, wie den Parkfriedhof in Berlin-Hermsdorf, den Waldfriedhof Hennigsdorf bei Berlin, den Waldfriedhof Frohnau / Reinickendorf, den St. Georgen-Friedhof Weißensee oder den Waldfriedhof Saarow in der Mark.

Er gilt zugleich auch als entschiedener Vorkämpfer der Anlage von Volksparks, Spiel- und Sportfreiplätzen innerhalb städtischer Siedlungsräume. Er plante darüber hinaus Golfplätze, wie den von Saarow-Pieskow, aber auch Parkanlagen bei Heilstätten und Genesungsheimen, oder die Gartenanlagen bei den Kinderheilstätten des Roten Kreuz in Hohenlychen und bis in die 1930er Jahre hinein bedeutende Privatgärten. In der NS-Zeit wurde Lesser mit Berufsverbot belegt und emigrierte schließlich 1939 zu seinem Sohn nach Schweden. Inzwischen sind Straßen in Potsdam, Hennigsdorf und Bad Saarow-Pieskow nach ihm benannt.

Hermann Mächtig

Hermann Mächtig (1837–1909), in der Nachfolge Gustav Meyers von 1878 bis 1909 Stadtgartendirektor Berlins, wird in der Fachliteratur oftmals als Epigone der Lenné-Meyerschen Schule, also der landschaftlich geprägten Gartenkultur des 19. Jahrhunderts beschrieben. Bei genauer Betrachtung seiner gartenkünstlerischen Lebensleistung für Berlin muss man allerdings sagen, dass er in einer Zeit des Auf- und Umbruches der Metropole Berlin nach der Reichsgründung mit immensem Fleiß und großem Geschick das überkommene Erbe Peter Joseph Lennés und Gustav Meyers gemehrt und erfolgreich fortgeschrieben hat.

Als geborener Schlesier erhielt er seine gärtnerische Ausbildung 1852/53 in Breslau und von 1854 bis 1856 an der Königlichen Gärtnerlehranstalt in Wildpark bei Potsdam, damals noch bei Peter Joseph Lenné und Gustav Meyer, wo er zugleich auch als Gartentechniker und in den Jahren von 1864–1870 als Obergehilfe in den Königlichen Gärten in Potsdam tätig war und seiner Begabung entsprechend in den Jahren 1865–1872 auch Dozent für Landschaftsgärtnerei an der Kgl. Gärtnerlehranstalt war. 1870 ernannte man ihn zum Hofgärtner in Potsdam, in den Revieren Neue Orangerie und Pfingstberg.

Noch unter Gustav Meyer wurde er 1875 zum Stadtgarteninspektor in Berlin berufen, und als nach dem Tod Gustav Meyers die Stelle des Direktors der »Deputation für die Verwaltung der städtischen Park-, Garten- und Baumanlagen« neu zu besetzen war, konnte Mächtig dieses herausragende Amt 1878 übernehmen und übte es bis zu seinem Tod im Jahr 1909 aus.

Zu seinen Hauptaufgaben gehörte in den Anfangsjahren die noch zu Lebzeiten Gustav Meyers begonnenen Ausführungsarbeiten zur Umsetzung der Meyerschen Entwurfsarbeiten zum Treptower Park, die sich dann bis 1888 hinziehen sollten, aber auch eine Mitwirkung bei den Planungs- und Erschließungsarbeiten des Plänterwaldes sowie eine Mitarbeit an der Erweiterung des Friedrichshains. Wirklich bekannt werden sollte er aber mit seinen Entwürfen zum vierten und letzten Berliner Volkspark im 19. Jahrhundert, dem 1888–1894 angelegten Viktoriapark in Kreuzberg.

Zu den besonderen, bisher viel zu wenig gewürdigten Leistungen Mächtigs für Berlin gehören ohne Zweifel seine zahlreichen Entwürfe für Berliner Stadtplätze, in denen er keineswegs landschaftlich entwarf, sondern den städtebaulichen Anforderungen entsprechend auf beengtem Raum durchweg formal-geometrisch plante und baute. Seine bedeutenden Berliner Schmuckplätze, wie der 1880 geschaffene Pariser Platz, der 1894 angelegte Gendarmenmarkt oder der um 1890 neu gestaltete Wilhelmplatz belegen dies eindrücklich. Weitere Stadtplätze wie der kleine Zietenplatz, der erst vor wenigen Jahren im Zusammenhang mit der Aufstellung der sechs Generalsstandbilder wiederhergestellt werden konnte, aber auch der Senefelder Platz in Prenzlauer Berg oder der 1887 angelegte Dönhoffplatz an der Leipziger Straße sowie weitere, teilweise inzwischen umgestaltete Stadtplätze belegen ein besonders großes Engagement für eine angemessene Begrünung Berliner Stadtplätze.

Erst nach der Jahrhundertwende sollte es dann zu einem deutlichen Wandel in der gartenkünstlerischen Auffassung kommen. Noch zu seinen Lebzeiten musste Mächtig erleben, wie der Schillerpark in Wedding als Wendepunkt von der Parkgestaltung der Lenné-Meyerschen Schule, die Gartendirektor Mächtig jahrzehntelang erfolgreich verkörpert hatte, hin zu unumkehrbarbaren neuen Gartenkunsttendenzen weichen musste. Die schon länger geforderten gartenreformerischen Ideen wurden dann auch unter den Nachfolgern Mächtigs im Amt des Berliner Gartendirektors Albert Brodersen und Erwin Barth konsequent umgesetzt.

Gustav Meyer

Seine Ausbildung zum Gärtner absolvierte Gustav Meyer (1816–1877) im Alten Botanischen Garten zu Berlin-Schöneberg, gefolgt von einer Zeit an der von Peter Joseph Lenné gegründeten Königlichen Gärtnerlehranstalt in Wildpark in Potsdam, wo er unter den zahlreichen Potsdamer Hofgärtnern das hoch entwickelte Gartenwesen Sanssoucis kennenlernen und dort auch Praktika absolvieren konnte. Infolge seiner ungewöhnlichen Begabung wurde er dann schon bald Mitarbeiter in Lennés Planungswerkstatt, der ihn dann auch – nach erfolgter Abschlussprüfung – 1843 mit der gartenbautechnischen Leitung seines Büros beauftragte. Meyer übernahm zugleich auch eine Lehrtätigkeit im Plan- und Landschaftszeichnen, Projektionslehre und Perspektive, und leitete schließlich das Lennésche Planungs- und Ausführungsbüro komplett, und sollte sich zur rechten Hand Lennés entwickeln.

Es begann eine Zeit für Meyer, die bestimmt war durch eine ideale Verbindung von Planung und Ausführung, von Theorie und Praxis, aber auch der Anfertigung, sich schon bald ergebender eigener Entwürfe, wie zum Beispiel für den Garten der Villa Schöningen an der Glienicker Brücke, aber auch durch die Anfertigung wunderbarer gärtnerisch-topographischer Pläne, wie den um 1845 angefertigten sogenannten Meyer-Plan der Parkanlagen von Klein-Glienicke. Es war eine Zeit, in der Peter Joseph Lenné und Gustav Meyer gemeinsam die Gartenwünsche Friedrich Wilhelms IV. hinsichtlich der Verschönerung der Garten- und Parkanlagen – wie den wundervollen Marlygarten – in Potsdam umsetzten. Es begann eine Gartenepoche, die gartenkünstlerisch durch den sogenannten »gemischten Stil«, vor allem aber als Lenné-Meyersche Schule« bezeichnet, geprägt war, also einen vorrangig landschaftlichen Gestaltungsstil, der dann die zweiten Hälfte des 19. Jahrhunderts bestimmen sollte.

Meyers erste große kommunale Aufgabe in Berlin sollte schließlich der von ihm 1845 gewonnene Wettbewerb zum Volkspark Friedrichshain werden. Für den Volkspark wurde er schließlich auch von der Stadtverwaltung Berlins mit der Ausarbeitung und Umsetzung seiner Pläne beauftragt, womit für Meyer ohne Zweifel ein wichtiger Schritt zur Selbständigkeit und Unabhängigkeit vom großen Vorbild Lenné begann. Auch wenn Meyer 1859 zum Hofgärtner ernannt wurde, und 1859 sein berühmt gewordenes »Lehrbuch der schönen Gartenkunst« vorlegen konnte, wurde er dennoch nicht zum Nachfolger Lennés ernannt. Da es schließlich für ihn kaum noch neue interessante Aufgaben In Potsdam-Sanssouci gab, bewarb er sich um andere Aufgabenstellungen, so 1866 für einen Entwurf für den Bremer Bürgerpark, aber auch einen ersten Entwurf zum Volkspark Humboldthain in Berlin, oder den dann mit einer silbernen Medaille gekrönten Entwurf für den Preußischen Garten auf der Weltausstellung 1867 in Paris.

Es waren also nicht nur Intrigen – wie oft vermutet –, die einen Verbleib des Königlichen Gartendirektors in Potsdam nach 1866 unmöglich machten, sondern die Zeit war reif für völlig neue Aufgabenstellungen wie Stadtparks, öffentliche Grünanlagen und nutzungsfreundliche Volksparks für breite Bevölkerungsmassen. Nach 30-jähriger Dienstzeit schied Meyer schließlich als Königlicher Hofgärtner in der Gartendirektion in Sanssouci aus und folgte dem Ruf der Stadt Berlin, die ihn am 1. Juli 1870 als ersten Stadtgartendirektor der großen Metropole einstellte. Es gelang ihm nicht nur, seinen Volkspark Friedrichshain gründlich zu überarbeiten und deutlich zu erweitern, sondern er entwickelte auch die Pläne für den schon 1872 vollendeten Volkspark Humboldthain, dem ab 1876 die Anlage des Treptower Volksparkes folgten.

Durch seinen jahrzehntelangen rastlosen Arbeitseinsatz geschwächt, erkrankte der erst 61-jährige Gustav Meyer kurz nach Beginn der Arbeiten im Treptower Park und verstarb schließlich am 27. Mai 1877 nach vierwöchiger schwerer Krankheit.

Hermann Muthesius

Zu den bekanntesten Architekten der Reformbewegung des frühen 20. Jahrhunderts in Berlin gehört ohne Zweifel Hermann Muthesius (1861–1927). Er hat eine ganze Generation mit seinen englisch beeinflussten Landhäusern, aber auch mit seinen entsprechenden Landhausgärten geprägt. Er schuf über 100 Gebäude, oftmals auch die dazugehörenden Gärten und gehört damit in Deutschland zu den Initiatoren der sogenannten Landhausbewegung. Ihm ist es entscheidend mit zu verdanken, dass die als überholt angesehene Villen-Architektur des Historismus mit ihren landschaftlich geprägten Villengärten zugunsten einer zweckmäßigen und funktional orientierten Bauweise, stets in Verbindung mit architektonisch geprägten Landhausgärten, sich auch in Deutschland durchsetzen konnte.

Nach einer gründlichen Ausbildung und Studium arbeitet er u. a. für vier Jahre im bekannten Architekturbüro Ende & Böckmann in Tokio, macht eine siebenmonatige Studienreise durch Italien und wird schließlich 1891 Regierungsbaumeister in Berlin und hat dann Gelegenheit, von 1896–1903 als technischer Attaché für Architektur an der deutschen Botschaft in London zu arbeiten. Während seiner Zeit in London setzt er sich intensiv mit der Arts and Crafts-Bewegung auseinander und verfasst zahlreiche Schriften über englische Architektur, deren bekannteste »Das englische Haus« wird. Nach seiner Rückkehr nach Deutschland wechselt er als Geheimrat in das Preußische Handelsministerium, wo er bis zu seiner Pensionierung 1926 für die Reform der Kunstgewerbeschulen zuständig war, aber auch die Erlaubnis bekam, ein eigenes Entwurfsbüro zu eröffnen und zu betreiben.

In seinen zahlreichen Publikationen war es ihm stets ein Anliegen, immer auch den Blick auf den ihm wichtigen Garten zu lenken, denn »innige Anpassung an die Natur mit dem Bestreben, Garten und Haus zu einem einheitlichen, eng verschmolzenen Ganzen zu machen, ist das Ziel«. Diesem Ziel folgte er auch schon konsequent in seinem eigenen, 1906/07 in Nikolassee an der Potsdamer Chaussee 49a errichteten Landhaus mit dem selbstverständlich auch von ihm gestalteten großzügigen Garten. Muthesius hat seine Gärten in der der Regel immer selber entworfen, erst in seiner späten Lebensphase hat er zuweilen auch damals bekannte Gartenarchitekten wie Leberecht Migge oder Willy Lange hinzugezogen.

Was schon bei seinem Haus, aber auch dem zeitgleich errichteten, unmittelbar benachbarten Haus Freudenberg evident ist, ist der deutliche Bezug auf die umgebende Landschaft, hier die Rehwiese. Seine formal-geometrisch und räumlich geordneten Gärten, jedenfalls in unmittelbarer Hausumgebung, suchen stets den Blickkontakt zur Natur, zur umgebenden Landschaft. Schon bei seinem eigenen Haus und auch beim 1915 errichteten Landhaus »Der Mittelhof«, Kirchweg 33, ebenfalls in Nikolassee, achtete Muthesius darauf, dass sich die gärtnerische Gestaltung wirklich nur auf die unmittelbare Hausumgebung bezieht und der große Rest stattdessen naturbelassener Kiefernwald oder Wiese bleibt.

Dass er im Übrigen auf den immer kleiner werdenden Grundstücken, so beim 1906 in Dahlem an der Bernadottestraße 56/58 errichteten Haus Neuhaus, auch darauf achtet, in dem streng formal organisierten Garten das eigentliche Gärtnern mit Blumen, das heißt in der Regel mit Rosen, lediglich auf den den Hauptgesellschaftszimmern des Hauses vorgelagerten großzügig geschnittenen »Blumenterrassen« geschehen zu lassen, wiederholt sich immer wieder. Schon sein erstes 1904/05 in Berlin-Zehlendorf, an der Knesebeckstraße 5, errichtetes Landhaus von Seefeld zeichnet sich durch eine großzügig geschnittene Blumenterrasse aus, hingegen der Garten für die kinderreiche Familie vor allem einen Kinderspielplatz und einen Obstgarten enthält.

Ein schönes weiteres Beispiel für die Blumenterrassen ist das 1911/12 in Dahlem, an der Pacelliallee 18 errichtete Haus Cramer, wo ebenfalls das eigentliche Gärtnern in von Buchsbaum gerahmten Rosenbeeten auf der sehr großen Hausterrasse stattfindet. Entsprechendes gilt auch für das 1913/14 am Kirchweg 25 in Nikolassee errichtete Haus und Garten Wild. Auch die in Schlachtensee von Muthesius erbauten Landhäuser, wie das 1913/14 in der Terrassenstraße 16 – unmittelbar am Schlachtensee – gelegene Haus Kuczynski oder das letzte Haus, das noch kurz vor seinem Tod 1925/26 errichtete Haus Mandler an der Limastraße 30 A verfügen über die für Muthesius typischen formalen Blumengärten. Auch wenn alle genannten Gärten nach wie vor privat bewohnt und genutzt werden, und damit nicht öffentlich zugänglich sind, so kann man in der Regel doch von der Straße aus einen schönen Blick auf die in den letzten 30 Jahren Schritt für Schritt gartendenkmalpflegerisch sanierten und restaurierten Landhausgärten werfen.

Georg Wenzeslaus von Knobelsdorff

Auch wenn man G. W. von Knobelsdorff (1699–1753) üblicherweise nicht zu den Gartenkünstlern zählt, sondern vielmehr zu den Porträt- und Landschaftsmalern, vor allem aber zu den Architekten, so zieht sich doch durch die entscheidenden zwanzig Jahre seines Lebens, die er von 1733–1753 an der Seite und im Dienst für König Friedrich II. zugebracht hat, eine große Liebe zu den Gärten und Parks, aber auch zu ihrer Anlage, Gestaltung und Ausstattung im Zeitalter des Hochbarock. Nicht zuletzt sein entscheidender Einfluss bei der Neugestaltung des Charlottenburger Schlossgartens – gleich nach der Thronbesteigung Friedrich II. 1741 –, vor allem aber sein enormer Einfluss auf Anlage und Gestaltung des Berliner Tiergartens als erstem öffentlich zugänglichen Park und Lustgarten der Residenzstadt, begründet seinen Ruf als Landschaftsgestalter.

Schon in der Rheinsberger Zeit beginnt eine bis zum Tode Knobelsdorffs anhaltende enge, eben auch gartenkünstlerische Zusammenarbeit mit dem damaligen Kronprinzen. Schönstes Zeugnis ist der in jenen Jahren vor den Toren Neuruppins angelegte Amalthea-Garten, gefolgt von zahlreichen Arbeiten in Potsdam-Sanssouci, mit Planungen Knobelsdorffs zum Weinberg, dem Schloss sowie den östlichen Gartenquartieren, aber auch die Gestaltung und Ausstattung des Rehgartens sind hervorzuheben. Besonders wichtig waren natürlich für Knobelsdorff in jener Zeit seine Reisen nach Italien und nach Paris, wo er u. a. in Versailles Bauten und Gärten nach neuestem Geschmack kennlernen konnte.

Für Berlin bleiben neben seinen Arbeiten für das Schloss Charlottenburg die ebenfalls nach 1740 einsetzende grundlegende Erneuerung des dortigen barocken Broderieparterres, sein Einsatz zur Gestaltung des Forum Fridericianum, einschließlich dem Bau der Lindenoper und der St.-Hedwigs-Kathedrale, und vor allem seine großartigen Pläne für den »parc de Berlin«, also den Berliner Tiergarten.

Knobelsdorff, vom König zum »Surintendant aller königl. Schlösser, Häuser und Gärten wie auch Directeur en chef aller Bauten in denen sämtlichen Provinzen« ernannt, lässt schon 1742 den gesamten Tiergarten vermessen, wobei Knobelsdorff in Justus Sello einen erfahrenen Gärtner an seiner Seite hatte. Gleichzeitig beginnt Knobelsdorff mit seinen Neuanlagen, die sich vor allem auf zwei Bereiche, den Großen Stern und die Umgebung des Brandenburger Tores, konzentrieren. Der Große Stern wurde nach französischer Art mit beschnittenen Hecken umgeben, eine doppelte Reihe von Eichen um den Platz gepflanzt sowie die sogenannten »Puppen« aufgestellt, das sind 16 Sandsteinfiguren. In den seitlichen Waldquartieren legte er drei Labyrinthe sowie drei sogenannte »Salons« an. Alle diese relativ fragilen, weil kurzlebigen Anlagen, die schon den Beginn eines neuen gartenkulturellen Zeitalters – nämlich die Epoche der frühlandschaftlich-sentimentalen Gartenzeit – ankündigen, waren jedoch nach kurzer Zeit den Verfall preisgegeben.

Im Bereich des Brandenburger Tores gehören vor allem der Florasalon und das »Bassin d'Eau«, nach Aufstellung der Statue einer Venus von Milo Venusbassin genannt, zum geistig-kulturellen Erbe Knobelsdorffs im Berliner Tiergarten. Bekanntermaßen hat der Landschaftsmaler Jakob Philipp Hackert diesen vielleicht schönsten Gartenraum friderizianischer Zeit im Tiergarten in mehreren Ölbildern festgehalten. Die Berliner Gartendenkmalpflege ist stolz darauf, dass sie den Floraplatz und das Venusbassin – also das noch präsente Erbe Knobelsdorffs im Berliner Tiergarten – erst vor einigen Jahren sorgfältig wiederherstellen konnte. Besonderes Interesse maß Knobelsdorff aber auch den Alleen im Tiergarten bei: so ließ er die Charlottenburger Allee, den Weg durch den Tiergarten nach Charlottenburg, auf beiden Seiten mit jeweils einer doppelten Reihe von Alleebäumen bepflanzen und grenzte den Tiergarten zur Chaussee mit einer streng geschnittenen Hecke ab. Auch manche wichtigen anderen Bereiche, wie den Zelten- oder Kurfürstenplatz, konnte er grundlegend neu mit Alleebäumen bepflanzen und damit diesem wichtigen Aufenthaltsort für die Berliner vor den Toren der Stadt ein unverwechselbares Aussehen verleihen.

Wie sehr Friedrich II. Knobelsdorff auch als Garten- und Landschaftsgestalter schätzte, wird an seinem ehrenden Nachruf in der Akademie der Wissenschaften und der schönen Künste deutlich, wo der König 1753 sagte: »Er machte ihn zu einem köstlichen Stück Erde durch die Mannigfaltigkeit der Alleen, der Hecken, der Rondelle und durch die reizvolle Mischung des verschiedenen Laubwerkes ... so dass die Bewohner der Hauptstadt hier eine bequeme und schmucke Promenade finden, wo die Reize der Kunst unter den ländlichen Reizen der Natur auftreten.«

Blick über Venusbassin auf Komponistendenkmal

Über den Autor

Klaus-Henning von Krosigk, Dr.-Ing., Ltd. Gartenbaudirektor, wurde am 03.09.1945 in Halle/Saale geboren. Er studierte Gartenarchitektur und Gartengeschichte sowie Bau- und Kunstgeschichte an der Technischen Universität Hannover.

Seit 1978 war Klaus-Henning von Krosigk in der Senatsverwaltung für Bau- und Wohnungswesen, ab 1981 in der Senatsverwaltung für Stadtentwicklung und Umweltschutz tätig. Ab 1995 war er Leiter des Referates für Städtebauliche Denkmalpflege und Gartendenkmalpflege innerhalb des Landesdenkmalamtes und von 1994 bis 2011 stellvertretender Landeskonservator von Berlin.

Klaus-Henning von Krosigk ist Past-Präsident der Deutschen Gesellschaft für Gartenkunst und Landschaftskultur (DGGL) und Deutsches Mitglied im Spezialkomitee für Historische Gärten des ›International Committee of Historic Gardens and Sites‹ von ICOMOS-IFLA, der Denkmalpflegeorganisation der UNESCO.

Im Jahr 2005 promovierte er zum Dr.-Ing. an der Technischen Universität Berlin.

Für seine herausragenden und beispielgebenden Bemühungen um Erhalt, Pflege und Wiederherstellung von bedeutenden Gartendenkmalen in Berlin verlieh ihm 2002 Bundespräsident Johannes Rau persönlich den Verdienstorden der Bundesrepublik Deutschland.

Klaus-Henning von Krosigk ist Autor zahlreicher Veröffentlichungen und Aufsätze zur Geschichte der Gartenkunst und Denkmalpflege.

Deutsche Gesellschaft **DGGL**
für Gartenkunst und Landschaftskultur e.V.

Die DGGL setzt sich umfassend für die Bewahrung und Entwicklung von Garten- und Landschaftskultur ein. Ihre wesentlichen Interessenfelder sind:

- Natur und Landschaft
- Historische Gärten, Parks und Kulturlandschaften
- Landschaftsarchitektur der Gegenwart
- Private und öffentliche Freiräume im besiedelten Bereich
- Gärten als Symbol

Die DGGL wurde 1887 gegründet. Sie arbeitet heute als gemeinnütziger, bundesweit organisierter Verein mit 17 selbstständigen Landesverbänden. Sie hat über 2000 Mitglieder. Weitere aktive Mitstreiter sind willkommen. Ihre Aktionsschwerpunkte sind:

- Vortrags- und Diskussionsveranstaltungen
- Seminare und Tagungen
- Exkursionen und Gartenreisen
- Verleihung eines DGGL-Kulturpreises
- Öffentliche Stellungnahmen und Aktionen
- Wettbewerbe für junge Landschaftsarchitekten
- Publikationen
- Herausgabe der Zeitschrift »Garten+Landschaft«
- Anteilseignerin Bücherei des Deutschen Gartenbaus

Deutsche Gesellschaft für Gartenkunst und Landschaftskultur e.V. (DGGL)
Wartburgstraße 42 | 10823 Berlin

Tel. 030 | 787 136 13
Fax 030 | 787 43 37

www.DGGL.org
Bund@DGGL.org

Literaturverzeichnis

Andreas, Karen: Vom Barockgarten zum Landschaftspark. In: Generaldirektion der Stiftung Preußische Schlösser und Gärten Berlin-Brandenburg (Hg.): Schönhausen. Rokoko und Kalter Krieg. Die bewegte Geschichte eines Schlosses und seines Gartens. Berlin 2009

Ascher, Hans-Joachim: Die Entstehung eines Vorortes von Berlin. In: Mitteilungen aus dem Vermessungswesen Nr. 9, September 1978, Hg.: der Senator für Bau- und Wohnungswesen, Abteilung V Vermessung

Badstübner-Gröger, Sibylle: Schlösser, Herrenhäuser, Burgen und Gärten in Brandenburg und Berlin. »Festschrift zum zwanzigjährigen Jubiläum des Freundeskreises Schlösser und Gärten der Mark in der Deutschen Gesellschaft e. V.« 2012, Berlin 2012

Badstübner-Gröger, Sybille; Bollé, Michael; Paschke, Ralph u. a.: Georg Dehio Handbuch der Deutschen Kunstdenkmäler Berlin. Berlin 2000

Batzhuber, Josef: Garten der Schlossinsel Köpenick – Stadtbezirk Köpenick. In: Weißbuch der historischen Gärten und Parks in den neuen Bundesländern. Hg.: Bund Heimat und Umwelt in Deutschland (BHU), Bonn 2009

Batzhuber, Josef: Gartenkunst im Schlosspark von Biesdorf. In: Dorfkern-Altstadt-Denkmalpflege. Traditionsorte in der Metropole. Beiträge zur Denkmalpflege in Berlin, Heft 13, Berlin 1999

Batzhuber, Joseph: Gutspark Mahlsdorf – Zeugnis märkischer Guts- und Gartenkultur. In: Der grüne Bezirk Marzahn-Hellersdorf. Beiträge zur Regionalgeschichte 3. Hrsg.: Heimatverein Marzahn-Hellersdorf e. V., Berlin 2006

Batzhuber, Joseph: Gutspark Neu-Kladow Berlin-Kladow. In: Gartenkunst Berlin. 20 Jahre Gartendenkmalpflege in der Metropole. Hg.: Landesdenkmalamt Berlin, Berlin 1989

Berlin und seine Bauten, Teil XI. Gartenwesen. Liste der Berliner Stadtplätze, Berlin 1972

Bezirksamt Pankow von Berlin (Hg.) und Lindstädt, Kerstin: Berlin-Pankow. Aus der Orts- und Baugeschichte. Berlin 2010

Bezirksamt Prenzlauer Berg (Hg.): Platz für Natur im Prenzlauer Berg. Berlin 1995

Bezirksamt Zehlendorf von Berlin/Abtl. Volksbildung, Volkshochschule (Hg.): Kleine Baugeschichte Zehlendorfs – Architektur und Gartenkunst im grünen Bezirk. Berlin 1970

Blamberger, Günter: Heinrich von Kleist Biographie, Frankfurt am Main, 2011

Brande, Kalesse, von Lürhte, Nath-Esser, Schumann, Tigges, Weiler: Der Gutspark Tegel in historisch-ökologischer Sicht. In: Der Bär von Berlin. Jahrbuch 1987 des Vereins für die Geschichte Berlins, 36. Folge, Berlin 1987

Brasch, Georg: Das Wannseebuch. Berlin 1926 (Reprint 1984)

Ciré, Annette und Mesecke, Andrea: Office and Commercial Building Kantdreieck. In: Josef Paul Kleihues Works 1981–1995. Hg.: Andrea Mesecke und Thorsten Scheer. Pliezhausen 2013

Cosmann, Ursula: Vom kurfürstlichen Reitweg zur Via triumphalis – Zur Geschichte der Linden. In: Unter den Linden Berlins Boulevard in Ansichten von Schinkel, Gaertner und Menzel. Ausstellungskatalog Berlin 1997

de Bruyn, Günter: Unter den Linden. Berlin 2002

Demps, Laurenz: Der Pariser Platz. Der Empfangssalon Berlins, Berlin 1995

Denkmaltopografie Bundesrepublik Deutschland, Baudenkmale in Berlin. Bezirk Wilmersdorf Ortsteil Grunewald, Berlin 1993

Die Bauwerke u. Kunstdenkmäler v. Berlin, Stadt u. Bezirk Charlottenburg. Bearb. v. J. Wirth, Berlin 1961

Donath, Matthias: Dorfaue Marienfelde. In: Landesdenkmalamt Berlin (Hg.): Denkmaltopographie Denkmaltopographie Bundesrepublik Deutschland. Denkmale in Berlin, Bezirk Tempelhof-Schöneberg. Ortsteile Tempelhof, Mariendorf, Marienfelde und Lichtenrade. Petersberg 2007

Dr. Jacobs & Hübinger: Siedlung Ceciliengärten Berlin-Schöneberg. Gartendenkmalpflegerisches Gutachten i.A. des BA Tempelhof-Schöneberg von Berlin . Berlin 2002

Duntze, Klaus; von Krosigk, Klaus; Lingenauber, Klaus: Der Luisenstädtische Kanal, Berlin 2011, Berlin Story Verlag

Eissenhauer, Michael; Bähr, Astrid und Rochau-Shalem, Elisabeth: Museumsinsel Berlin, Hg. Staatlichen Museen zu Berlin, Berlin 2012

Endlich, Stefanie und Wurtlitzer, Bernd: Skulpturen und Denkmäler in Berlin. Berlin 1990

Engel, Helmut und Ribbe, Wolfgang: Via triumphalis. Geschichtslandschaft »Unter den Linden« zwischen Friedrich-Denkmal und Schlossbrücke, Berlin 1997

Engel, Helmut; Freiberger, Ernst und Scholz, Rupert: Helden ohne Degen – Der Schinkelplatz in Berlin. Tübingen Berlin, 2000

Faass, Martin: Max Liebermann: Die Heckengärten. Hg. von Martin Faass für die Max Liebermann Gesellschaft Berlin, Berlin 2014

Fröhling, Stefan und Reuss, Andreas: Die Humboldts. Lebenslinien einer gelehrten Familie, Berlin 1999

Gandert, K.-D.: Vom Prinzenpalais zur Humboldt-Universität. 3. Bearb. u. erw. Aufl., Berlin 1992 (1. Aufl. 1985)

Gartendenkmale in Berlin – Privatgärten. In: Beiträge zur Denkmalpflege in Berlin 21. Hg.: Jörg Haspel und Klaus-Henning von Krosigk, Landesdenkmalamt Berlin. Petersberg 2005

Gärtner, Martin und Grunert, Heino: Villenkolonie Zehlendorf-West. In: Denkmaltopografie Bundesrepublik Deutschland Baudenkmale im Berliner Bezirk Zehlendorf, Ortsteil Zehlendorf. Hg.: Landesdenkmalamt Berlin, Berlin 1995,

Georg-Kolbe-Stiftung (Hg.): Ursel Berger; Georg Kolbe – Leben und Werk, Berlin 1990

Glabau, Leonie: Plätze in einem geteilten Land. Stadtplatzgestaltungen in der Bundesrepublik Deutschland und der Deutschen Demokratischen Republik. Frankfurt a. M. 2010

Gräfin von Rothkirch, Malve: Prinz Carl von Preußen, Kenner und Beschützer des Schönen, 1801–1883, Osnabrück 1981

Günther, Harri: Peter Joseph Lenné. Gärten, Parke, Landschaften; Berlin 1985

Guthmann, Johannes: Goldene Frucht – Begegnungen mit Menschen, Gärten und Häusern, Tübingen 1955

Heese, Christina S.: Hellersdorf-Hultschiner Damm 33. In: Denkmalschutz und Denkmalpflege in Berlin, Jahrbuch 1994, Beiträge zur Denkmalpflege in Berlin, Heft, Berlin 1996

Heidemann, Wilfried M. (Hg.): Evangelische Kirche St. Peter und Paul auf Nikolskoe 1837–1987. Festschrift zur 150-Jahr-Feier. Berlin 1987

Hennebo, Dieter: Vom Beginn des 19. Jh. bis zum 2. Weltkrieg (Berlin, 100 Jahre Gartenbauverwaltung). Das Gartenamt 19 (1970) 6

Hinz, Gerhard: Peter Jospeh Lenné. Das Gesamtwerk des Gartenarchitekten und Städteplaners. Hildesheim, Zürich, New York 1989

Hoff, Sigrid: Berlin Weltkulturerbe World Cultural Heritage, mit einer Einführung von Jörg Haspel und Klaus-Henning von Krosigk, in: Beiträge zur Denkmalpflege in Berlin 37, Petersberg 2011

Holz, Leonie: Ausstellungs-Messe-Kongress Berlin (Hg.): Messestadt Berlin. Berlin 1986

Holzmann, Frank: Von der Herrschaftsvilla zum kulturellen Zentrum – eine reiche Nutzungsgeschichte, in: Festveranstaltung zum 175. Geburtstag von Johann Heino Schmieden Architekt des Biesdorfer Schlosses am 15. Mai 2010. Hg.: Stiftung Ost-West-Begegnungsstätte Schloss Biesdorf e. V., Berlin 2010,

Horn, Gabriele: Schloss und Park Schönhausen – instandgesetzt, restauriert, interpretiert. In: Landesdenkmalamt Berlin (Hg.): Berlin im Wandel. 20 Jahre Denkmalpflege nach dem Mauerfall. Beiträge zur Denkmalpflege Bd. 35. Petersberg 2010

Howoldt, Jenns Eric und Schneede, Uwe M. (Hg.): Im Garten von Max Liebermann. Katalog zur Ausstellung: Im Garten von Max Liebermann, Hamburger Kunsthalle und Staatliche Museen zu Berlin. 2. Auflage, Bonn 2004

Internationales Symposium Botanische Gärten im Spannungsfeld von Wissenschaft und Gartendenkmalpflege. Berlin 24.–26. April 2009, Katalog der Vorträge, Hg. von Hans Walter Lack, Botanischer Garten und Botanisches Museum Berlin-Dahlem, Englera 30, Berlin 2013

Jager, Markus: Das Erbe in der Großstadt – Herrenhäuser und Gutsanlagen in Berlin. In: Schlösser, Herrenhäuser, Burgen und Gärten in Brandenburg und Berlin. Festschrift zum zwanzigjährigen Jubiläum des »Freundeskreises Schlösser und Gärten der Mark in der Deutschen Gesellschaft e. V.« 2012

Jager, Markus: Der Berliner Lustgarten. Gartenkunst und Stadtgestalt in Preußens Mitte. In: Kunstwissenschaftliche Studien, Bd. 120, München/Berlin 2005

Kähler, Susanne und Kuhn, Jörg: Dokumentation plastischer Denkmäler, Brunnen und anderer Werke der bildenden Kunst im öffentlichen Raum im Bezirk Neukölln von Berlin, Teil 1 (Rixdorf). Berlin2012

Kähler, Susanne und Kuhn, Jörg: Erfassung/Inventarisation plastischer Denkmäler, Brunnen und anderer Werke der bildenden Kunst im öffentlichen Raum im Bezirk Tempelhof-Schöneberg, Ortsteile Schöneberg und Friedenau. Gutachten im Auftrag des Landesdenkmalamtes Berlin 2008

Karg, Detlef: Das Nordparterre im Tierpark Friedrichsfelde. In Gartenkunst 2. 1990, Heft 2

Kemper, Thomas: Schloss Monbijou – Von der Königlichen Residenz zum Hohenzollern-Museum.Berlin, 2005

Kleeberg, Jürgen: Gartenhof Mommsenstraße 6 Berlin-Charlottenburg. In: Gartenkunst Berlin – 20 Jahre Gartendenkmalpflege in der Metropole. Hg.: Landesdenkmalamt Berlin, Berlin 1999

Klünner, H.-W.: Panorama der Straße Unter den Linden vom Jahre 1820. Berlin 1991

Klünner, Hans-Werner und Hildebrandt, Dieter: Unter den Linden, Fotografien, Berlin 1991

Klünner, Hans-Werner: Berliner Plätze. Photographien von Max Missmann. Berlin 4. Auflage 2008

Kohler, Oskar: Karl-Marx-Allee/Frankfurter Allee Berlin Friedrichshain. In: Landesdenkmalamt Berlin (Hg.): Gartenkunst Berlin 20 Jahre Gartendenkmalpflege in der Metropole. Berlin 1999

Kossel, Hannelore: Savignyplatz Berlin-Charlottenburg. In: Gartenkunst Berlin 20 Jahre Gartendenkmalpflege in der Metropole, Hg.: Landesdenkmalamt-Gartendenkmalpflege Berlin, Berlin 1999

Kühn, Margarete: Schloss Charlottenburg, Berlin 1955

Kunstamt und Gartenbauamt Charlottenburg (Hg.): Gärten in Geschichte und Gegenwart. Am Beispiel Berlin-Charlottenburg. Berlin 1978

Land, Dietmar und Wenzel, Jürgen: Heimat, Natur und Weltstadt. Leben und Werk des Gartenarchitekten Erwin Barth. Leipzig 2005

Land, Dietmar: Erwin Barth (1880–1933) Leben und Werk eines Gartenarchitekten im zeitgenössischen Kontext. Diss. an der Fakultät VII Architektur, Umwelt, Gesellschaft der TU Berlin, Berlin 2004

Landesdenkmalamt Berlin (Hg.): Denkmaltopographie Bundesrepublik Deutschland. Denkmale in Berlin – Bezirk Mitte – Ortsteil Mitte. Petersberg 2003

Lepik, Andreas: Staatliche Museen zu Berlin-Preußischer Kulturbesitz (Hg.): Masterplan Museumsinsel. Ein europäisches Projekt; Ausstellungskatalog, Berlin 2000

Lesser-Sayrac, Katrin: Der Englische Garten. In: Der Berliner Tiergarten. Vergangenheit und Zukunft. Beiträge zur Denkmalpflege in Berlin, Heft 9, Berlin 1996

Lesser, Katrin: Die Entwicklung der Grünflächen in Dahlem. In: Landesdenkmalamt Berlin (Hg.): Denkmaltopographie Bundesrepublik Deutschland. Denkmale in Berlin. Bezirk Steglitz Zehlendorf, Ortsteil Dahlem. Petersberg 2011

Lesser, Katrin: Grünanlagen, Plätze und Parks. In: Winters, Peter Jochen (Hg.): 100 Jahre Gartenstadt Frohnau. Ein Berliner Ortsteil eigener Art. Berlin 2010

Lesser, Katrin: Ludwig Lesser. Erster freischaffender Gartenarchitekt in Berlin und seine Werke im Bezirk Reinickendorf. Heft 4 der Beiträge zur Denkmalpflege in Berlin. Senatsverwaltung für Stadtentwicklung, Berlin 1995

Lingenauber, Klaus: Das grüne Erbe der Siedlungen und Volksparke. Berliner Moderne zwischen 1910 und 1930. Reform oder Revolution im Freiraum? In: Landesdenkmalamt Berlin (Hg.): Botschaften zur Gartendenkmalpflege. Festschrift für Klaus-Henning von Krosigk. Petersberg 2011

Lingenauber, Klaus: Der Umgang mit denkmalgeschützten gärtnerischen Anlagen der öffentlichen Hand und gemeinnütziger Träger in Berlin am Beispiel von Ehrenhöfen, Höfen und Stadtplätzen. In: Landesdenkmalamt Berlin (Hg.): Gartenkunst und Gartendenkmale. Petersberg, 2004

Lingenauber, Klaus: Gartendenkmalpflegerische Konzeption des ehemaligen Sommergartens am Messegelände in Berlin-Charlottenburg. In: Denkmalschutz und Denkmalpflege in Berlin. Jahrbuch 1994. Beiträge zur Denkmalpflege in Berlin, H.7, Landesdenkmalamt Berlin (Hg.), Berlin 1996

Lingenauber, Klaus: Historische Plätze, Straßen und Grünzüge. In: Landesdenkmalamt Berlin (Hg.): Berlin. Denkmalschutz und Denkmalpflege. Berlin 2001

Lingenauber, Klaus: Wasserkünste und künstliche Gewässer in Parkanlagen und auf Stadtplätzen. In: Berlin im Wandel. 20 Jahre Denkmalpflege nach dem Mauerfall. Beiträge zur Denkmalpflege in Berlin, Band 35, Hg.: Landesdenkmalamt Berlin. Petersberg 2010

Mende, Hans-Jürgen und Wernicke, Kurt (Hg.): Berliner Bezirkslexikon Charlottenburg-Wilmersdorf. Berlin 2005

Mende, Hans-Jürgen: Lexikon. Alle Berliner Straßen und Plätze. 2. Band, Berlin-Luisenstadt 1998

Müller, Sylvia: Das Gutshaus in Mahlsdorf. Ein märkisches Herrenhaus aus der ersten Hälfte des 19. Jahrhunderts. In: Die Denkmale in Berlin Marzahn-Hellersdorf Kaulsdorf Mahlsdorf Hellersdorf. Hg.: Bezirksamt Marzahn-Hellersdorf zu Berlin/Untere Denkmalschutzbehörde, Berlin 2002

N.N.: Ein Denkmal für den König. Das Reiterstandbild Friedrich II. Unter den Linden in Berlin. Hg.: Landesdenkmalamt Berlin, Berlin 2001

N.N.: 140 Jahre Schloss Biesdorf. Zur Geschichte des Denkmalensembles Schloss und Park Biesdorf. Die wechselhafte Geschichte des Schlosses Biesdorf und seiner Bewohner. Hg.: Stiftung Ost-West-Begegnungsstätte Schloss Biesdorf e. V., Berlin 2008

N.N.: Ein Park und eine Galerie 5 Jahre Galerie im Körnerpark. Hg.: Bezirksamt Neukölln von Berlin, Abteilung Volksbildung/Kunstamt, Redaktion Dorothea Kolland. Berlin 1995

N.N.: Gartenkunst der frühen Moderne in Charlottenburg. Pläne und Fotos von Erwin Barth 1912–1926. Ausstellungskatalog zur gleichnamigen Ausstellung zum 300-jährigen Jubiläum Charlottenburgs im Schloss Charlottenburg Kleine Orangerie, 10. Juni bis 3. Juli 2005. Hg.: Bezirksamt Charlottenburg-Wilmersdorf, Umweltamt, Berlin 2005

N.N.: Im Schnitt der Zeit – 50 Jahre Neukölln, Eine Chronik der Entwicklung Rixdorfs zur Großstadt Neukölln. Hg. zum 50-jährigen Stadtjubiläum am 1. April 1949, 1949, Berlin-Grunewald

N.N.: Johann Anton Wilhelm von Carstenn-Lichterfelde zum 100. Todestag. In: Steglitzer Heimat, Mitteilungsblatt des Heimatvereins für den Bezirk Steglitz gegründet 1923 e. V. für Lankwitz, Lichterfelde Steglitz Südende, Nr. 2, 1996

N.N.: Schloss Glienicke. Bewohner, Künstler, Parklandschaft. Ausstellungskatalog der Staatlichen Schlösser und Gärten, Berlin 1987

N.N.: Spandau einst und jetzt. Hg.: Bezirksamt Spandau von Berlin, Abteilung Volksbildung, Kunstamt Spandau, Kreis der Freunde und Förderer des Heimatmuseums Spandau, Berlin 1982

Nedelykov, Nina und Moreira, Pedro (Hg.): Das Paradies am Wannsee. 3. Veränderte und erheblich erweiterte Auflage. Berlin 2006

Nielebock, Henry: Berlin und seine Plätze. Potsdam 1996

Nienhaus, Ursula: Junker, Land und Leute. Landwirtschaft in Brandenburg. Das Beispiel Britz. Hg. vom Neuköllner Kulturverein in Zusammenarbeit mit dem Heimatmuseum Neukölln, Berlin 1985.

Peschke, Hellmut: Schmuckplätze in Steglitz. In: Senatsverwaltung für Stadtentwicklung und Umweltschutz Berlin (Hg.): 3. Tag für Denkmalpflege in Berlin. Steglitz 1989

Peschken, Goerd: Andreas Schlüter und das Schloss Charlottenburg. In: Schloss Charlottenburg – Berlin – Preußen. Festschrift für M. Kühn München Berlin 1975

Peschken, Goerd: Villenvorort und die S-Bahn. In: Die Berliner S-Bahn, Ausstellung Berlin 1982

Posener, Julius: Hans Poelzig. Sein Leben, sein Werk. Braunschweig/Wiesbaden 1994

Rave, Paul Ortwin und Wirth, Irmgard: Die Bauwerke und Kunstdenkmäler von Berlin, Bezirk Tiergarten, Berlin 1955

Ribbe, Wolfgang (Hg.); Kamke, Hans Ulrich und Stöckel, Sigrid: Geschichte der Berliner Verwaltungsbezirke, Band 11. Wilmersdorf. Berlin 1989

Ribbe, Wolfgang: Von der Residenz zur City. 275 Jahre Charlottenburg. Berlin 1980

Rimbach, Karl-Ernst: 250 Jahre Charlottenburg. Berlin 1955

Schadow Gesellschaft Berlin (Hg.): Die Denkmäler vom ehemaligen Wilhelmplatz. Jetzt auf dem Zietenplatz in Berlin-Mitte. In: Schriftenreihe der Schadow Gesellschaft Berlin e. V., Band XII, Berlin 2009

Schulz, Gabriele: Denkmalwerte Volksparkanlagen in Ost und West. Grünplanung in Berlin zwischen Kriegsende und Mauerbau. In: ICOMOS Polen und ICOMOS Deutschland (Hg.): Das Erbe der Nachkriegszeit erhalten und erneuern – Denkmale der Moderne und Gegenmoderne. Architecture of the second half of the 20th century – studies an protection. Warschau/Berlin 2010

Schulz, Gabriele: Die Entwicklung der Grün- und Freiflächen. Reneé Sintenis Platz. In: Lemburg, Peter; Schulz, Gabriele; Worbs, Dietrich: Denkmaltopographie Bundesrepublik Deutschland Denkmale in Berlin, Bezirk Schöneberg Ortsteil Friedenau. 2. Aufl. Berlin-Schöneberg 2001

Schulz, Gabriele: Schillerpark. In: Denkmaltopographie Bundesrepublik Deutschland. Denkmale in Berlin. Bezirk Mitte, Ortsteile Wedding und Gesundbrunnen. Petersberg 2004

Schulz, Gabriele: Volkspark Mariendorf. In: Landesdenkmalamt Berlin (Hg.): Denkmaltopographie Bundesrepublik Deutschland. Denkmale in Berlin, Bezirk Tempelhof-Schöneberg. Ortsteile Tempelhof, Mariendorf, Marienfelde und Lichtenrade. Petersberg 2007

Schulz, Gabriele: Volksparke in Ost und West zwischen 1945 und 1960. In: Landesdenkmalamt Berlin (Hg.): Berlin im Wandel. 20 Jahre Denkmalpflege nach dem Mauerfall. Beiträge zur Denkmalpflege Bd. 35. Petersberg 2010

Seiler, Michael und Sperlich, Martin: Schloss und Park Glienicke, in: Zehlendorfer Chronik, Berlin 1977, zweite erweiterte Auflage Berlin 1979

Seiler, Michael: Die königliche Pfaueninsel. Muster einer ländlichen Parkanlage, in: Ausstellungskatalog Berlin durch die Blume oder Kraut und Rüben Gartenkunst in Berlin-Brandenburg, Hg.: Senator für Stadtentwicklung und Umweltschutz-Gartendenkmalpflege, Berlin 1985

Seiler, Michael: Die Pfaueninsel – Inszenierung des Exotischen. In: Ausstellungskatalog: Nichts gedeiht ohne Pflege. Die Potsdamer Parklandschaft und ihre Gärten. Hg.: Stiftung Preußische Schlösser und Gärten Berlin-Brandenburg, Potsdam 2001

Selmanagic, Azemina und Feuchtenberger, Ulf: Gutspark Mahlsdorf. Pflege- und Entwicklungsplan I. Im Auftrag der Senatsverwaltung für Stadtentwicklung und Umweltschutz, Abt. III., Gartendenkmalpflege, Berlin 1993

Semmer, Manfred; Grüneberg, H.D.; Stähr, Angela; Bollé, Michael und Güldner, Betina: Das ehemalige Gut Neu-Cladow. Ein Beispiel märkischer Baukunst. Im Auftrag des Senators für Stadtentwicklung und Umweltschutz, Landeskonservator. Berlin 1987

Senatsverwaltung für Stadtentwicklung (Hg.): Das grüne Berlin. Berlin 2009

Sievers, Johannes: Neu-Cladow. In: Kunst und Künstler 1912, Band 10

Sperlich, Martin und Seiler, Michael: Schloss und Park Glienicke. In: Schriftenreihe der Volkshochschule Zehlendorf. Berlin 1977, 2. Aufl. Berlin 1979

Stimmann, Hans und Ouwerkerk, Erik-Jan: Gärten, Plätze, Promenaden. Neueste Gartenkunst in Berlin, Berlin 2008

Stürmer, Rainer: Die historische Entwicklung des Viktoria Parkes. In: Senatsverwaltung für Stadtentwicklung und Umweltschutz (Hg.): Schriftenreihe Gartendenkmalpflege, Heft 4., Berlin 1992

Stürmer, Rainer: Erwin Barth (1880–1933) – Sein Wirken für Berlins Grünanlagen. Sonderdruck aus dem Jahrbuch für brandenburgische Landesgeschichte Bd.34, 1983

Stürmer, Rainer: Vom Friedrichshain zum Volkspark Rehberge – kommunales Grün in Berlin. In: Berlin durch die Blume oder Kraut und Rüben – Gartenkunst in Berlin-Brandenburg. Hg. im Auftrag des Senators für Stadtentwicklung und Umweltschutz von Marie-Luise Plessen. Ausstellungskatalog, Berlin 1985

Trumpa, Kurt: Zehlendorf in der Kaiserzeit. Vom Dorf zum Vorort, Berlin 1982

Twardawa, Susanne: 100 Jahre Viktoria-Luise-Platz in Berlin-Schöneberg. Berlin 2000

Verwiebe, Birgit (Hg.): Unter den Linden. Berlins Boulevard in Ansichten von Schinkel, Gaertner und Menzel. Ausstellungskatalog, Berlin 1997

von Krosigk, Klaus und Wiegand, Heinz: Glienicke, 2. unveränderte Auflage, Berlin 1988

von Krosigk, Klaus: 100 Jahre Viktoria-Luise-Platz und Messelbau. Denkmalpflegerische Herausforderung im städtebaulichen Kontext Berlin-Schöneberg. In: 100 Jahre Lette-Verein am Viktoria-Luise-Platz. Berlin 2002

von Krosigk, Klaus: Brandenburger Tor und Pariser Platz in Berlin-Mitte. In: Beitrag: 10 Projekte der Berliner Bau- und Gartendenkmalpflege, In: Denkmalschutz und Denkmalpflege in Berlin. Jahrbuch 1994. Beiträge zur Denkmalpflege in Berlin Heft 7, Berlin 1996

von Krosigk, Klaus: Der Garten zu Britz. Seine Entwicklungsgeschichte von den Anfängen bis heute, Broschüre, hg. von »Freunde und Förderer Schloss Britz e. V.« in Zusammenarbeit mit der Kulturstiftung Schloss Britz, Berlin 1998.

von Krosigk, Klaus: Der Große Tiergarten. Schloss und Schlosspark Bellevue, in: Denkmaltopografie Bundesrepublik Deutschland. Denkmale in Berlin, Bezirk Mitte Ortsteil Moabit, Hansaviertel und Tiergarten. Hg. vom Landesdenkmalamt Berlin, Berlin 2005

von Krosigk, Klaus: Der Pariser Platz. Aspekte seiner freiraumplanerischen Entwicklung im Zeitraum von 1730 bis 1992, in: Garten Kunst Geschichte. Festschrift für Dieter Hennebo zum 70. Geburtstag, Worms am Rhein 1997

von Krosigk, Klaus: Die gartendenkmalpflegerische Wiederherstellung Glienickes. In: Peter Joseph Lenné: Volkspark und Arkadien, Ausstellungskatalog Berlin 1989

von Krosigk, Klaus: Die Kulturlandschaft des Berliner Südwestens. Ein Ort zwischen Berlin und Potsdam, in: Schriftenreihe des Heimatvereins von Zehlendorf e. V., Heft 14, 2001

von Krosigk, Klaus: Erfassung, Schutz und Pflege bedeutender Gärten und Parks an Berliner Gutshäusern. In: Schlösser, Herrenhäuser, Burgen und Gärten in Brandenburg, a. a. O.

von Krosigk, Klaus: Garten Douglasstraße 7/9, Garten Harteneck, Charlottenburg–Wilmersdorf/Grunewald. In: Gartendenkmale in Berlin Privatgärten. In: Beiträge zur Denkmalpflege in Berlin 21. Hg.: Jörg Haspel und Klaus-Henning von Krosigk. Petersberg 2005

von Krosigk, Klaus: Grünanlagen und Grenzanlagen – vereinigungsbedingte Aufgaben der Gartendenkmalpflege. In: Denkmalpflege nach dem Mauerfall Eine Zwischenbilanz, Beiträge zur Denkmalpflege in Berlin Heft 10, Berlin 1997

von Krosigk, Klaus: Gutsgarten, Dorfkirchhof und Dorfanger. In: Dorfkern – Altstadt - Denkmalpflege. Traditionsorte in der Metropole. Jahrbuch 1997/98 des Landesdenkmalamtes Berlin. Berlin 1999.

von Krosigk, Klaus: Innerstädtische Freiflächen. In: Berlin im Wandel 20 Jahre Denkmalpflege nach dem Mauerfall. Beiträge zur Denkmalpflege in Berlin. Band 35. Hg. Landesdenkmalamt Berlin. Fulda 2010

von Krosigk, Klaus: Quermatenweg 2/4, Garten Werner. In: Gartendenkmale in Berlin – Privatgärten. Hg.: Jörg Haspel und Klaus-Henning von Krosigk, Landesdenkmalamt Berlin. Petersberg 2005

von Krosigk, Klaus: Schmuckplätze. Ein Beitrag zu einer nachhaltigen Stadentwicklungspolitik. In: Landesdenkmalamt Berlin (Hg.): Berlin im Wandel. 20 Jahre Denkmalpflege nach dem Mauerfall. Beiträge zur Denkmalpflege Band 35. Petersberg 2010

von Krosigk, Klaus: Stadtgärten und Parks. Ein Beitrag Ludwig Hoffmanns zum Stadtgrün Berlins. In: Formann, Inken und Karkosch, Michael (Hg.): »Alles scheint Natur so glücklich ist die Kunst versteckt«. Bernd Modrow zum 65. Geburtstag, München 2007

von Vos, Rüdiger; Jager, Markus; von Krosigk, Klaus-Henning und Badstübner-Gröger, Sibylle: Berlin-Buch. In: Freundeskreis Schlösser und Gärten der Mark in der Deutschen Gesellschaft e. V. (Hg.): Schlösser und Gärten der Mark. Berlin 2015

Wendland, Folkwin; Wörner, G. und Wörner, R.: Der Berliner Tiergarten. Vergangenheit und Zukunft. Berlin: Senator f. Stadtentwicklung und Umweltschutz, 1986 (Gartendenkmalpflege, H. 4)

Wendland, Folkwin: Berlins Gärten und Parke von der Gründung der Stadt bis zum ausgehenden neunzehnten Jahrhundert. Frankfurt a. M., Berlin, Wien, Propyläen Verlag 1979 (Das klassische Berlin, Bd. 2)

Wendland, Folkwin: Der große Tiergarten Berlin. Eine Dokumentation der geschichtlichen und künstlerischen Entwicklung von den Anfängen bis heute. Im Auftrag der Abt. III (Gartendenkmalpflege) des Senators f. Stadtentwicklung und Umweltschutz im Rahmen der wissenschaftlichen Grundlagenarbeit zum Parkpflegewerk Tiergarten. Berlin 1985

Wendland, Folkwin: Gutsgarten Mahlsdorf, in: Berlins Gärten und Parks. Von der Gründung der Stadt bis zum ausgehenden 19. Jahrhundert. Berlin 1979

Wendlandt, Wolf-Borwin: Adelheidallee 17–21. Schloss Tegel, in: Bezirksamt Reinickendorf von Berlin (Hg.): Die Denkmale in Berlin-Reinickendorf. Die Denkmalbereiche, Baudenkmale, Gartendenkmale und Bodendenkmale des Bezirkes, Berlin 1998

Werkstatt Zwo: Das Gartendenkmal Lauenburger Platz in Berlin Steglitz. Dokumentation von Maßnahmen an Denkmalobjekten in Berlin, im Auftrag des Landesdenkmalamtes, Berlin 2006

Wiegand, Heinz: Entwicklung des Stadtgrüns in Deutschland zwischen 1890 und 1925 am Beispiel der Arbeiten Fritz Enckes. In der Reihe: Geschichte des Stadtgrüns Band II, Berlin/Hannover 1977

Wille, Klaus Dieter: Spaziergänge in Tempelhof. Berlin 1985

Wille, Klaus-Dieter: Spaziergänge in Charlottenburg. Berlinische Reminiszenzen 66, Berlin 1992

Wimmer, C. A.: Friedrich II. und die Gärten des Charlottenburger Schlosses. In: Berlin in Geschichte und Gegenwart. Jahrbuch des Landesarchivs Berlin. Berlin 1983

Wimmer, Clemens Alexander: Der Schloßpark Bellevue in Berlin. In: Mitteilungen der Pückler-Gesellschaft, 21. Heft – Neue Folge – Berlin 2006

Wimmer, Clemens Alexander: Die Gärten des Charlottenburger Schlosses. In: Gartendenkmalpflege Heft 2, Hg.: der Senator für Stadtentwicklung und Umweltschutz, Gartendenkmalpflege, Berlin 1987

Wimmer, Clemens Alexander: Gartenkunst der frühen Moderne in Charlottenburg. Pläne und Fotos von Erwin Barth 1912–1926. Ausstellungskatalog Berlin 2005

Wimmer, Clemens Alexander: Richard Thieme Gartendirektor von Wilmersdorf (1876–1948) Werkübersicht. Auftraggeber: Bezirksamt Charlottenburg-Wilmersdorf von Berlin, Umweltamt, Berlin 2002

Wimmer, Clemens Alexander: Schlosspark Lichterfelde. In: Parks und Gärten in Berlin und Potsdam aus Anlass der Bundesgartenschau Berlin 1985, Hg.: Sentator für Stadtentwicklung und Umweltschutz Abteilung Natur Landschaft Grün in Verbindung mit der Bundesgartenschau Berlin 1985 GmbH, Berlin 1985

Wolfes, Thomas: Die Villenkolonie Lichterfelde – vom Prototyp des »grünen Vorortes« zum Refugium für das konservative Bürgertum. In: Heinz Reif (Hg.): Berliner Villenleben. Die Inszenierung bürgerlicher Wohnwelten am grünen Rand der Stadt um 1900. Berlin 2008

Wolff, Karl: Wannsee und Umgebung. Klein-Glienickes Schlösser und Park Pfaueninsel Nikolskoe. Vergangenheit und Gegenwart. 6. neu bearbeitete Auflage, Berlin 1977

Bildnachweis

Der Verlag bedankt sich für die freundliche Genehmigung zur Reproduktion ihrer Fotografien bei:

Cover vorn: Wolfgang Bittner; *Cover hinten:* oben links, unten links + mitte + rechts: Wolfgang Bittner; oben rechts: Katrin Lesser

Bittner, Wolfgang: Seiten 6, 19, 21, 23, 25, 27, 29, 31, 32–33, 35, 37, 39, 41, 46, 48, 50, 51, 53, 56, 57, 61, 62, 63, 65, 69, 71, 76–77, 79, 86–87, 90–91, 100–101, 103, 105, 107, 111, 114–115, 116, 117, 119, 121, 123, 125, 126, 131, 133, 144, 145, 149, 150, 152, 155, 157, 159, 160, 163, 165, 168–169, 173, 175, 179, 190, 193, 206, 207, 209, 211, 214–215, 216, 230

Buschfeld, Ben: Seite 67

Lesser, Katrin: Seiten 8, 59, 81, 82–83, 95, 96–97, 128, 129, 132, 135, 136–137, 139, 141, 142, 154, 177, 181, 182, 183, 185, 186, 188, 192, 195, 197, 198, 199, 201, 203, 205

Lingenauber, Klaus: Seite 43

Reuss, Wolfgang: Seite 147